Richard Deiss

Der Lebkuchenbahnhof am Ende der Welt

Kleine Geschichten zu 222 Bahnhöfen
in Asien, Afrika und Ozeanien

Adresse des Autors:
Machnower Str. 65
D-14165 Berlin
Richard.deiss@gmail.com

Anregungen und Verbesserungsvorschläge sind willkommen und werden in der nächsten Ausgabe berücksichtigt.

Bild Innenseite: Bahnhof von Sylhet, Quelle:
http://sylhoti.multiply.com/photos/album/16/Beauty_of_sylhet#28

Herstellung und Verlag: Books on Demand GmbH, Norderstedt
Achte Auflage 2021, Originalausgabe

©Richard Deiss, Berlin 2021

Der Inhalt des Buches gibt ausschließlich die Privatmeinung des Autors wieder. The content of the book represents the private opinion of the author.

Printed in Germany

ISBN   978-3-837-0539-13

Bibliografische Information der Deutschen Nationalbibliothek
Die Deutsche Nationalbibliothek verzeichnet diese Publikation in der Deutschen Nationalbibliografie; detaillierte bibliografische Daten sind im Internet über http://dnb.d-nb.de abrufbar

Inhalt

Vorwort ... 5

1. Afrika ... 7

1.1 Nordafrika ... 8
1.2 Äthiopien, Eritrea, Djibouti ... 10
1.3 West- und Zentralafrika ... 12
1.4 Ostafrika ... 17
1.5 Südliches Afrika ... 20

2. Japan ... 25

2.1 Raum Tokio ... 26
2.2 Raum Osaka Nagoya ... 32
2.3 Der Norden Honshus ... 33
2.4 Der Westen und Süden Honshus ... 35
2.5 Hokkaido und Seikantunnel ... 37
2.6 Insel Kyushu ... 39

3. Übriges Ostasien ... 40

3.1 Nordkorea ... 41
3.2 Südkorea ... 44
3.3 China (Volksrepublik, Hongkong) ... 46
3.4 Taiwan ... 59
3.5 Mongolei ... 63

4. Südostasien ... 64

4.1 Thailand ... 64
4.2 Burma ... 67
4.3 Vietnam ... 68
4.4 Kambodscha und Laos ... 69
4.5 Malaysia ... 70
4.6 Indonesien ... 72
4.7 Philippinen ... 74

5. Südasien 75

- 5.1 Bombay und der Süden Indiens 77
- 5.2 Nordindien 81
- 5.3 Schmalspurbahnen Indiens 85
- 5.4 Pakistan, Bangladesh und Nepal 88
- 5.5 Sri Lanka 91

6. Vorderasien und Kaukasus 92

- 6.1 Vorderasien 92
- 6.2 Kaukasus 96

7. Türkei 98

- 7.1 Izmir und südliche Ägäis 100
- 7.2 Istanbul 102
- 7.3 Zentralanatolien 104
- 7.4 Raum Bursa 108
- 7.5 Schwarzmeerküste 111
- 7.6 Osttürkei 113

8. Sibirien und Zentralasien 115

- 8.1 Sibirien 115
- 8.2 Zentralasien 118

9. Ozeanien 119

- 9.1 Australien 120
- 9.2 Neuseeland 124

Anhang 127

Literatur 132

Vorwort

Im Sommer 2007 brachte ich das *Taschenbuch Palast der tausend Winde und Stachelbeerbahnhof* heraus, welches kleine Geschichten, interessante Fakten und Anekdoten zu 200 Bahnhöfen weltweit enthielt. Im Laufe der Zeit sammelten sich weitere Anekdoten an und so publizierte ich Ende 2008 einen eigenen Band für außereuropäische Bahnhöfe (*Der Lebkuchenbahnhof am Ende der Welt*).
Mittlerweile sind weitere Geschichten dazugekommen und deshalb veröffentliche ich im Sommer 2009 Anekdoten zu amerikanischen Bahnhöfen in einem dritten Taschenbuch (*Grand Central Terminal und Pampabahnhof*).
Damit war auch eine Neuausgabe des Buches *Der Lebkuchenbahnhof am Ende der Welt* notwendig geworden. Um die durch den Wegfall der amerikanischen Bahnhöfe enstandenen Lücken zu schließen, wurden vor allem die Kapitel zu Bahnhöfen in Japan, China, Indien und der Türkei erweitert. Das entspechende Buch wurde im Herbst 2009 aufgelegtund dann nochmal 2011. Nach 10 Jahren liegt hiermit liegt nun eine leicht aktualisierte und Neuauflage vor. Aufgrund der schnellen Entwicklung in Asien sind eigentlich raschere Aktualisierungen notwendig. Gegenüber der letzten Ausgabe neu aufgenommene Bahnhöfe sind durch eine Raute ◈ gekennzeichnet

Das vorliegende Buch enthält somit Anekdoten und Fakten zu 222 Bahnhöfen in Afrika, Asien und Ozeanien. Etwa alle 2 Jahre soll das Buch aktualisiert werden. Hinweise für weitere interessante Geschichten, Anekdoten und Fakten zu Bahnhöfen sind immer willkommen.

Berlin, im Februar 2021
Richard Deiss

1. Afrika

Afrika hatte nie ein gut entwickeltes Eisenbahnnetz. Zur Kolonialzeit gab es in vielen Regionen nur Stichstrecken von den Häfen ins Hinterland, die den Abtransport von Rohstoffen sicherstellten. Nach dem Ende der Kolonialzeit verfiel in etlichen Ländern die Eisenbahninfrastruktur, auch weil sie mit der Kolonialherrschaft identifiziert wurde. Heute hat die Eisenbahn in Afrika nur eine geringe Bedeutung. Ausnahmen sind Ägypten, wo sich über die Hälfte des afrikanischen Bahnpersonenverkehrs von 80 Milliarden Personenkilometern pro Jahr abspielt, und Südafrika (15% des Eisenbahnpersonenverkehrs und 80% des Eisenbahngüterverkehrs Afrikas). Daneben haben nur die Eisenbahnen von Algerien, Marokko und Tunesien eine Verkehrsleistung von mehr als 1 Milliarde Personenkilometer. In Ägypten begünstigt die Konzentration der Bevölkerung im Niltal den Bahnverkehr. Auf einem kleinen Netz wird eine hohe Fahrgastzahl erreicht. Der Fahrplan ist dicht, die Passagierzahlen sind hoch. Unter den Maghrebländern hat Marokko den dichtesten Bahnverkehr, etwa 4.5 Milliarden Personenkilometer pro Jahr, doppelt so viel wie vor 10 Jahren. In Tunesien ist der Bahnverkehrnach einer Aufwärtsentwicklung in den letzen Jahren wieder zurückgegangen. In Algerien ist er nach einem Rückgang bis 2010 durch Ausbaumaßnahmen wieder deutlich gestiegen (auf fast 2 Milliarden Pkm).

Weil auch das Afrika südlich der Sahara reich an Rohstoffen ist, werden dort heute, vor allem auch mit chinesischer Hilfe, Bahnlinien für den Güterverkehr neu gebaut oder ausgebaut. Teilweise wird auch der Personenverkehr von diesen Maßnahmen profitieren, wie bereits in Kenia und Äthiopien zu sehen und auch manche Bahnhöfe dürften sich dadurch beleben.

1.1 Nordafrika

Alexandria Misr-Bahnhof

Alexandria hatte den ersten Bahnhof Afrikas und die heutige Bahnstation ist auch eine der imposantesten des Kontinents. 1853 begann hier Robert Stephenson, Sohn des berühmten britischen Eisenbahnpioniers George Stephenson, mit dem Bau der ersten Bahnlinie Afrikas, die von Alexandria nach Kairo führen sollte. Der Bahnhof heißt nach der ägyptischen Eigenbezeichnung des Landes *Misr Station* (,Bahnhof Ägyptens)'.

Kairo Ramses Bahnhof

1958, wenige Jahre nach der Suez-Krise, drehte der ägyptische Regisseur Youssef Chahine den Spielfilm *Cairo Station*, der im Hauptbahnhof Kairos spielt. Der Krüppel Kenawi verliebt sich in die schöne Hanuma. Als er sie mit der Vision eines traditionellen ruhigen Landlebens gewinnen will sagt diese: *„Wir haben uns an die Züge und den Lärm gewöhnt".* Der Film war 12 Jahre lang in Ägypten verboten, da er relativ freigeistig mit der Identität des Landes und mit weiblichen Reizen umgeht.
Im heutigen, sich zunehmend islamisierenden Ägypten, würde er sicher in manchen Kreisen wieder auf starke Ablehnung stoßen, denn die Hauptdarstellerin tritt im Film in kurzen Hosen auf. Dabei hatte der Bahnhof bereits 1923 Frauenrechte-Geschichte geschrieben als die ägyptische Feministin Hoda Shaarawi (1879-1947), bei der Rückkehr von einem Sufragetten-Kongreß in Rom nach Europa hier demonstrativ ihren Schleier ablegte.
Heute heißt der Bahnhof Ramses Station, aber die große Statue von Ramses II. auf dem Bahnhofsvorplatz wurde im Jahr 2007 in ein Museum in Gizeh verbracht, denn Abgase und Erschütterungen der Millionenstadt hatten ihr zu sehr zugesetzt.

Orans neomaurischer Bahnhof

Die algerische Hafenstadt Oran besitzt einen der schönsten Bahnhöfe Afrikas. Im maurischen Stil gehalten, ähnelt der Bahnhof einer Moschee. Der quadratische Grundriss des Uhrturms entspricht dem im Maghreb üblichen Architekturstil der Minarette (die allerdings keine Uhr aufweisen). Wie in einer Moschee wölbt sich eine runde Kuppel über den Wartesaal. Bei dieser perfekt in die lokale Bautradition passenden Formensprache überrascht es allerdings, dass der Erbauer ein Franzose war - der Architekt Marius Toudoire (1852-1912), der durch den Gare de Lyon von Paris berühmt geworden war. Details des Bahnhofs zeigen jedoch, dass hier kein muslimischer Architekt zugange gewesen sein konnte: in den Türen und Fenstern finden sich Davidstern-Muster und in den Deckenmalereien der Eingangshalle sind christliche Kreuze zu sehen.

☞: Auch die Bahnhöfe Bordeaux Saint Jean und Toulouse Matabiou sowie das Postamt von Algier wurden von Toudoire entworfen.

Der neue Bahnhof von Marrakech

Marrake(s)ch ist dabei, vom Ausbau des Bahnverkehrs in Marokko besonders zu profitieren. Langfristig soll es Hochgeschwindigkeitsverkehr nach Casablanca geben, eine neue Bahnstrecke von Marrakech in den Süden ist zudem geplant. Und bereits im Oktober 2008 wurde ein Neubau des Kopfbahnhofs von Marrakech eröffnet. Das Empfangsgebäude ahmt die Architektur der wuchtigen Stadttore der Medina, der Altstadt von Marrakech nach. Der Bahnhof wird so seiner Rolle als Tor zur Stadt gerecht. Trotz seiner orientalischen Architektur hat die französischsprachige Eisenbahnverwaltung es sich nicht nehmen lassen, dem Bahnhof eine neumodische englischsprachige Bezeichnung zu geben. Er heißt offiziell *Marrakech Rail Center*.

1.2 Äthiopien, Eritrea, Djibouti

Addis Abeba

Addis Abeba besitzt einen der schönsten Bahnhöfe Afrikas. Doch fahren von hier keine Züge mehr ab und ein Straßenprojekt gefährdet den Erhalt der Bahnhofsfunktion und könnte sogar zu einem Abriss führen.
Auf dem Bahnhofsplatz steht auf einem schwarzen Granitsockel die vergoldete Plastik des Löwen von Juda. Dieser findet sich übrigens auch im Wappen der Stadt Jerusalem, denn Juda war ein israelischer Stamm. Der Sockel ist mit Reliefportraits der äthiopischen Kaiser Menelik II. und Haile Selassie I. dekoriert. Die Statue wurde im Jahr 1930 kurz vor der Krönung Haile Selassies aufgestellt. Doch 1935 nahmen die italienischen Besatzer sie nach Rom mit. Dort wurde der 4. Jahrestag der Proklamation des Italienischen Reiches von Mussolini und Adolf Hitler gefeiert. Der junge Äthiopier Zerai Deres nahm an der Parade teil und sollte den Duce, den Führer und den italienischen König mit einem zeremoniellen Schwert grüßen. Als die Parade jedoch an der Löwenstatue vorbeikam und Deres sah, dass das ihm am Herzen liegende Nationalsymbol aus seinem Land gestohlen und nach Italien gebracht worden war, überfiel ihn großer Zorn und er stach mit seinem Schwert auf mitmarschierende italienische Soldaten ein. Deres wurde getötet, galt seither jedoch als äthiopischer Patriot. In den 1960er Jahren wurde die Löwenstatue endlich den Äthiopiern zurückgegeben und unter Teilnahme des Kaisers Haile Selassie feierlich wieder auf dem Bahnhofsplatz aufgestellt. Nach der Revolution des Jahres 1974 wollte das neue Regime unter Mengistu den Löwen vom Platz entfernen lassen. Kriegsveteranen erinnerten Mengistu jedoch daran, dass ein äthiopischer Patriot für das Denkmal sein Leben ließ und schließlich verblieb der Löwe am Bahnhofsplatz.

Dire Dawa

Dire Dawa, die zweitgrößte Stadt Äthiopiens, verdankt ihre Existenz dem Bau der Bahnlinie von Djibouti nach Addis Abeba. Eigentlich sollte die Bahnlinie über die Stadt Harar führen. Für die Muslime Äthiopiens ist Harar die nach Mekka, Medina und Jerusalem viertheiligste islamische Stadt. Harar galt einst als 'Timbuktu des Ostens' und war noch im 19. Jahrhundert für Christen nicht zugänglich. Aus Rücksichtnahme darauf wurden beim Bahnbau die italienischen und französischen Facharbeiter und Ingenieure im nahen Dire Dawa angesiedelt, welches zum Reparatur- und Inspektionsstandort werden sollte. Da die Kosten beim Bau der Bahn explodierten, entschied man sich, die Linie am Bergrücken entlang, statt über Harar zu führen. Dire Dawa wurde zum Verwaltungssitz der Bahnlinie, die bald den Außenhandel des Landes auf sich zog. Die alte Karawanenroute von Harar an die Küste verlor dadurch rasch an Bedeutung und Harar fiel in eine Art Dornröschenschlaf. Vor dem 1902 erbauten Bahnhof von Dire Dawa steht heute als Denkmal eine graue Güterzug-Diesellok.

Agordat - vom Bahnhof zum Flughafen

Die *Eritrea-Eisenbahn*, die einzige Bahnlinie Eritreas, wurde von den italienischen Kolonialherren zwischen 1887 und 1932 erbaut. Viele Bahnhöfe dieser Eisenbahnlinie, auch derjenige der Hauptstadt Asmara, ähneln Stationen der süditalienischen Provinz. Die Bahnlinie vom Hafen Massawa nach Asmara verlief einst weiter bis Agordat und Bishia unweit der Grenze zum Sudan. Das Empfangsgebäude des Bahnhofs von Agordat steht noch, ist heute aber nicht mehr auf Eisenbahnverkehr ausgerichtet. Denn mittlerweile dient es, weltweit einmalig, als Passagiergebäude für den kleinen Flughafen Agordats.

1.3 West- und Zentralafrika

Das Denkmal am Bahnhof von Dakar

Der 1914 erbaute Bahnhof von Dakar weist für westafrikanische Verhältnisse mehrere Besonderheiten auf. Zum einen gibt es hier internationalen Bahnverkehr (nach Bamako in Mali), zum anderen vertakteten Vorortverkehr, beides südlich der Sahara eher selten. Eher ungewöhnlich ist auch das Kriegsdenkmal aus Bronze auf dem Bahnhofsplatz, das einen Franzosen und einen Senegalesen zusammenstehend zeigt, wobei letzterer die Waffe trägt. Neben dem Soldaten Dupont steht der senegalesische Schütze Demba. Der Bahnhofsplatz, der früher *Place de la Gare Dakar-Niger* hieß, wurde im August 2004 dementsprechend in *Place du Tirailleur* (Schützenplatz) umbenannt.

Bamako und die Super Rail Band

1970 wurde in Bamako, Endstation der Dakar-Niger-Zuglinie, von Tidiane Koné das *Orchestre du buffet de la gare de Bamako*, das zweimal pro Woche im Speisesaal des Bahnhofs von Bamako auftrat, gegründet. Daraus sollte bald die musikalisch einflussreichste Band des Landes werden. Sänger wie *Mory Kanté* und Salif Keit, die Anfang der Siebzigerjahre zur Band stießen, wurden später international bekannt. Auf dem Cover der ersten Platten der Band war der Bahnhof von Bamako zu sehen, und die Eisenbahngesellschaft Malis trat als Sponsor auf. 1985 nahm die noch heute existierende Band den kürzeren und internationaleren Namen *Super Rail Band* an.

Bobo Dioulasso und das Akronym

Der in sudanesischem Stil gehaltene, 1934 erbaute Bahnhof von Bobo Dioulasso gilt als einer der schönsten

Afrikas. In den letzten 20 Jahren hat seine weiße Fassade Logos von drei verschiedenen Bahngesellschaften getragen. Zu Kolonialzeiten und noch bis 1989 wurde die internationale Bahnlinie von der *Régie des Chemins de Fer Abidjan-Niger* betrieben. Trotz ihres Namens verband die Bahn nur die Elfenbeinküste mit Obervolta, eine Verlängerung nach Niger und zum gleichnamigen Fluss gelang nicht. 1990 wurde diese Gesellschaft in zwei nationale Gesellschaften aufgespalten. Obervolta hieß mittlerweile *Burkina Faso* (Land der Unbestechlichen), 1984 hatte es der junge revolutionäre Präsident Thomas Sankara umbenennen lassen. Die Eisenbahn des Landes hieß dementsprechend *Société des Chemins der Fer du Burkina* (SCFB). Ein entsprechendes Akronym war auf dem Bahnhof angebracht. 1992 beschlossen die Regierungen der beiden Länder, die Bahn wieder zu vereinigen und zu privatisieren. Eine diesbezügliche Ausschreibung wurde 1993 von SITARAIL gewonnen, einer in Abidjan sitzenden Gesellschaft. Heute gehört SITARAIL zur französischen Bolloré-Gruppe. Den schönen Bahnhof von Bobo ziert heute entsprechend ein SITARAIL-Logo, wobei jeweils ein Buchstabe auf einem der Zacken des Bahnhofsdachs sitzt.

Douala-Bessengué - Europa im Kleinen

Kamerun wird wegen seiner landschaftlichen, sprachlichen und ethnischen Vielfalt auch als `Afrique en miniature´ (`*Afrika im Kleinen´*) bezeichnet. Die Bahnhöfe des Landes würden allerdings in gewisser Weise auch den Titel '*Europa im Kleinen*' rechtfertigen. Nehmen wir zum Beispiel Douala-Bessengué, den Bahnhof der größten Stadt des Landes. Diese neue Bahnstation beherbergt ein Fitnesszentrum, hat Intercity-Verkehr zur Hauptstadt Yaoundé und könnte mit ihrer modernen Architektur auch in einer europäischen Großstadt stehen. Betrieben wird der

Bahnverkehr von Camrail, welche zu Comazar gehört, einem belgisch-südafrikanischem Unternehmen. Da Kamerun französisch- als auch englischsprachig ist, steht am Bahnhofsgebäude sowohl `Gare´ als auch `Station´. In der Stammessprache der im Süden des Landes lebenden Bassa und Beti wird jedoch ein drittes Wort benutzt - dort sagt man `Banop´ (Bahnhof). Banop stammt noch aus der deutschen Kolonialzeit (die in Kamerun 1919 zu Ende ging). Die Deutschen hatten in Kamerun die ersten Eisenbahnlinien und Bahnhöfe gebaut.

Pointe Noire im Kongo

Die Hauptstadt des ehemaligen französischen Kongo, Brazzaville (nach dem französischen Forscher Brazza benannt) liegt oberhalb von Stromschwellen des Kongo-Flusses, was einen Transport auf dem Wasserweg zu den Seehäfen verhindert. Zudem liegt die Mündung des Flusses im benachbarten ehemalig belgischen Kongo.
So kam es, dass die französischen Kolonialherren im Jahr 1926 mit dem Bau einer Bahn von Brazzaville zur Hafenstadt Pointe Noire begannen. Trotz Schwierigkeiten und dem Tod vieler Streckenarbeiter durch Tropenkrankheiten wurde das Projekt rücksichtslos durchgepeitscht. 1934 wurde die Strecke fertig gestellt, ihr Bau soll 60 000 Menschen das Leben gekostet haben. Der französische Schriftsteller André Gide schrieb damals `*die Eisenbahn Brazzaville-Ozean ist ein schrecklicher Vernichter von Menschenleben*´.
Dem Empfangsgebäude von Pointe Noire ist die Mühsal nicht anzusehen. Es wirkt mit seiner wohlproportionierten Architektur, den Ziegeldächern und dem Uhrturm wie das einer Kurstadt (es soll eine Imitation des Bahnhofs des Seebades Deauville in der Normandie sein, sieht diesem allerdings nur wenig ähnlich) und gehört zu den schönsten Empfangsgebäuden Afrikas.

Bahnhof Pointe Noire

❖ Lubumbashi und die fehlende Hoffnung

Noch vor wenigen Jahren war am Bahnhof von Lubumbashi, der Hauptstadt der südkongolesischen Kupferprovinz Katanga, ‚Lubumbashi Wantashi' und ‚Ville d'Esperance' zu lesen.

Lubumbashi, unter den belgischen Kolonialherren hieß die Stadt Elisabethville, ist nach Patrice Lubumba, dem 1961 ermordeten ersten Ministerpräsidenten des Kongo, benannt. *Ville d'Esperance* (Stadt der Hoffnung) ist der Beiname der Stadt. *Wantashi* ist das Kisuaheli-Wort für Exzellenz. Es wird von etlichen Unternehmen der Region als Teil des Firmennamens geführt. Auch einen Sender Wantashi gibt es in Lubumbashi. Dieser wurde Anfang 2010 von der Polizei geschlossen, da er eine Sendung ausgestrahlt hatte, die mit den Positionen von Separatisten (die bodenschatzreiche Provinz Katanga hatte sich 1960-1963 von der Zentralregierung gelöst) sympatisierte, ein politisches Tabu im Land. Aber nicht nur der Sender wurde geschlossen, das Wort *Wantashi* wurde auch von der Bahnhofsfassade gestrichen zusammen mit den Worten Ville d'Esperance, denn Hoffnung auf Unabhängigkeit sollen sich die Bewohner nicht machen.

Juba (Südsudan)

Ende der 1980er Jahre kündigte der norddeutsche Bahnbeamte Klaus Thormälen seinen Job bei der Bahn, um sich mit einer von ihm entwickelten Schweißtechnik selbstständig zu machen. Heute hat Thormälen 400 Angestellte und setzt 100 Millionen Euro pro Jahr um. Doch zeitweise er plante er noch Größeres. Denn im Jahre 2003 musste im Gutshaus von Thormälen im holsteinischen Trittau wegen eines kaputten Rohrs ein Klempner gerufen werden. Dieser erzählte von einem Sudanesen, der in Deutschland studiert hätte, in der Nähe zu Besuch wäre und sich für die Eisenbahn interessierte. Kurz darauf besuchte der Sudanese Thormälen. Dabei stellte es sich heraus, dass Costello Garang Ring Königssohn des mächtigsten Stammes im Südsudan war. Er erzählte von den Erdölvorkommen im Südsudan, mit denen der Bau einer Eisenbahnlinie finanziert werden könnte. Denn der von schwarzafrikanischen Christen und Animisten bevölkerte Südsudan strebte nach Unabhängigkeit vom arabisch-islamisch geprägten Norden. Die Unabhängigkeit wurde schließlich am 9. Juli 2011 erreicht. Eine Eisenbahnlinie über Uganda zum kenianischen Hafen Mombasa würde der Entwicklung des Landes dienen. Juba ist die neue Hauptstadt des Landes. Heute gibt es dort nur Hütten und wenige Meter asphaltierte Straßen, aber mit der Eisenbahn würde die Stadt auch einen Bahnhof bekommen. Thormälen, von diesen Perspektiven begeistert, betreibt seither aktiv die südsudanesischen Eisenbahnpläne. Allerdings befindet sich das Land mittlerweile im Bürgerkrieg und aus den Plänen ist bis heute nichts geworden.

1.4 Ostafrika

Nairobi und Karen Blixen

Nairobi hat seine Existenz im Grunde der Eisenbahn zu verdanken. 1896 wurde von den Briten mit dem Bau der Uganda Railway begonnen, die den Hafen von Mombasa mit Uganda, der „Perle Afrikas" verbinden sollte. Wegen Schwierigkeiten beim Bau wurde die Bahn bald *Lunatic Railway* (verrückte Bahn) genannt. So zerfleischten im Jahr 1898, als eine Brücke über den Tsavo-Fluss gebaut, wurde, nachts zwei Löwen 28 afrikanische und indische Bauarbeiter. Auf halber Streckenlänge zwischen Mombasa und dem Victoriasee legte man in flachem Gelände einen Bahnhof an. Daraus entstand das heutige Nairobi.
Der Hauptbahnhof von Nairobi ist heute ein bescheidener einstöckiger Ziegelbau mit drei Giebeln.
☞ Am Nairobier Bahnhof kam im Jahr 1914 die später mit dem Buch *Jenseits von Afrika* (*Out of Africa*) berühmt gewordene dänische Schriftstellerin Karen (Tania) Blixen (1885-1962) an, um zur unweit von Nairobi gelegenen Kaffeefarm ihres Mannes Bror von Blixen-Finnecke weiterzureisen. Am Bahnhof findet sich heute ein Blixen-Café und unweit der Station gibt es ein Blixen-Museum.

Nairobi Kibera

Kibera galt lange Zeit als größter Slum Kenias und sogar Afrikas. Schätzungen sprachen von über einer Million Menschen. Neuere Untersuchungen gehen jedoch davon aus, dass im relativ kompakten Kibera nur 200 000 Menschen leben. Kibera ist auf jeden Fall einer der berühmtesten Slums Afrikas. Hier geben sich Entwicklungshilfeorganisationen die Klinke in die Hand, Kibera gilt als Test-Labor von Maßnahmen der Verbesserung der Lebensqualität in Slums. Sogar Slumtourismus gibt es hier schon. Der französische Künstler JR hat hier im Jahr 2009

ein Kunstprojekt verwirklicht. Dabei wurden Schwarzweissaufnahmen von Gesichtsausschnitten von Kibera-Bewohnern riesenhaft vergrößert und an verschiedenen Stellen plaziert, darunter auf Dächern und an Hängen. Durch Kibera verläuft die Bahnlinie Nairobi-Kisumu und deshalb wurde sogar die Aussen
fläche eines Zuges mit Gesichtsausschnitten dekoriert, die Bilder der unteren Gesichtshälfte ergänzten, die am Bahndamm ausgebreitet worden waren. Als der Zug daran vorbeifuhr, ergab sich für einen Moment das vollständige Gesichtsbild. Schließlich hielt der Zug dann auch in der Bahnstation Kibera, die für die Bewohner sonst wenig Bedeutung hat, denn Kleinbusse sind das Rückgrat des Verkehrs.

Dodoma

Nicht nur Nairobi, auch Dodoma hat seine Hauptstadtfunktion der Eisenbahn zu verdanken. Als man nach der Unabhängigkeit die Hauptstadtfunktion ins Hinterland verlegen wollte wählte man diesen Ort, weil er nicht nur zentral lag, sondern auch eine Bahnstation besaß. Diese war bereits 1891 von den Deutschen gebaut worden, was noch heute vage an ihrer Architektur zu erkennen ist.

Daressalam

Im Zuge des Baues der TAZARA-(Tanzania-Zambia-Rail) Bahnstrecke (1969-1975), die von Daressalam nach Kapiri Mposhi in Sambia führt, wurde in Daressalam etwas abseits vom Stadtzentrum ein neuer Bahnhof gebaut. Das Empfangsgebäude ähnelt einem Flughafen, Autos fahren auf der ersten Ebene vor. An der Straßenfront in großen Lettern der Stadtname *Dar Es Salaam*. Dies kommt aus dem Arabischen und bedeutet `Haus des Friedens´, eigentlich ein guter Name für ein Empfangsgebäude.

Cecil Rhodes und Bulawayo

Während die Franzosen einst versuchten, vom Senegal her einen West-Ost-Korridor durch den afrikanischen Kontinent in ihren Besitz zu bringen, arbeiteten die Briten zur selben Zeit an einem Nord-Süd-Korridor von Ägypten bis Südafrika. Im Sudan stießen die beiden Kolonialmächte aufeinander, aber die Briten setzten sich schließlich durch und legten sogar Khartoum nach dem Layout der britischen Flagge an. Der britische Imperialist Cecil Rhodes (1853-1902) propagierte schließlich den Plan, die Besitzungen durch eine Kap-Kairo-Eisenbahn zu verbinden. Rhodes war vor allem in Südafrika und im später nach ihm benannten Rhodesien (dem heutigen Zimbabwe) tätig.

Als die südrhodesische Stadt Bulawayo 1897 Eisenbahnanschluss bekam, wurde im Bahnhof das Transparent aufgerollt. *„Our two roads to progress: Railroads and Cecil Rhodes."*

Der TGV im Bahnhof von Antananarivo

Die Bahngesellschaft Madagaskars (Madarail) wird von der Gesellschaft Comazar betrieben. Comazar ist dabei, den 1910 vom Franzosen Fouchard erbauten Hauptbahnhof (Soarano-Bhf) der Kapitale Antananarivo zu sanieren. Im Herbst 2007 wollte der junge Bürgermeisterkandidat Andry Rajoelina, der wegen seines Tempos auch *TGV* genannt wurde, hier eine Wahlkampfveranstaltung abhalten. Die Stadtverwaltung erlaubte dies nicht, weil am selben Tag dort die Einweihung öffentlicher Toiletten vorgesehen wäre. Doch Toiletten gibt es im Bahnhof bis heute keine. Zu bremsen war Rajoelina dennoch nicht, er putschte sich im März 2009 an die Spitze des Staates und ist noch heute Präsident.

☞: Ende 2007 ging der Polizei des Soarano-Bahnhofs eine Diebesbande (darunter waren zwei Priester) ins Netz, die durch Schienenklau den Bahnbetrieb gefährdete.

1.5 Südliches Afrika

Der Bahnhof Grasplatz und der Diamant

Im Jahre 1907 siedelte der Thüringer Eisenbahnangestellte August Stauch, der an Asthma litt, auf ärztlichen Rat nach Lüderitz (heute Namibia) über. Im Jahr 1905 war im damaligen Deutsch Südwestafrika mit dem Bau der Lüderitzbahn begonnen worden. Diese 1067 mm (Kapspur) Bahn verband bereits 2 Jahre später die isoliert gelegene Hafenstadt mit dem 366 km weiter im Inland gelegenen Keetmanshoop, von wo aus eine Verbindung nach Windhoek bestand. Der Eisenbahner Stauch wurde am 24 km von Lüderitz entfernten Bahnhof Grasplatz (dieser hieß trotz der kargen Vegetation so, weil hier Gras für die als Zugtiere eingesetzten Ochsen umgeschlagen wurde) stationiert, wo er den Auftrag hatte, den dortigen Streckenabschnitt von Sandverwehungen freizuhalten. Sein Gehilfe Zacharias Zewala hatte früher in einer südafrikanischen Diamantenmine gearbeitet. Deshalb hielt Stauch ihn an, bei seiner Arbeit auf besondere Steine zu achten. Am 10. April 1908 brachte Zewala seinem Vorgesetzten ein interessantes Fundstück. Der Bergwerksingenieur Nissen in Lüderitz bestätigte, dass es sich um einen Diamanten handelte. Nissen und Stauch kündigten ihren Job und sicherten sich an der Kolmanskuppe einen Claim. Kolmanskuppe wurde zeitweise zur reichsten Stadt Afrikas und Nissen und Strauch wurden vermögend. Im Zuge der Weltwirtschaftskrise verarmte Stauch jedoch. Ein Enkel von ihm bewirtschaftet noch heute eine Farm in Namibia.
Der Diamantenabbau in Kolmanskuppe wurde 1930 eingestellt und der Ort zu einer vom Sand verwehten Geisterstadt, Bahnhof und Strecke verfielen. Doch heute fahren auf der Südbahn wieder Züge und auch für den im Landesinneren gelegenen Bahnhof *Aus* war das Aus nicht endgültig.

Swakopmund

Einer der schönsten Bahnhöfe Afrikas findet sich im namibischen Swakopmund. 1902 erbaut, als das Land als Deutsch-Südwestafrika Kolonie war, erinnert sein Turm an den Oberturm der Schwarzwaldstadt Gengenbach. Allerdings wird das Empfangsgebäude heute nicht mehr von der Bahn benutzt, es beherbergt ein Luxushotel.
An die deutsche Kolonialzeit erinnert auch die Architektur des 1912 erbauten Hauptbahnhofs von Windhoek, und ebenso dessen Adresse: er liegt nämlich in der Bahnhofstrasse, der Bahnhof Street.

Johannesburg Park Station

Johannesburg Park Station gilt mit 300 000 Nutzern pro Tag als Afrikas größter Bahnhof. 10 % der in der Innenstadt Beschäftigten kommen hier täglich mit dem Zug an. Allerdings erschließt die Bahn nur die Ost-West-Achse der Stadt, einschließlich des dicht bevölkerten Vororts Soweto (South West Township), nicht jedoch die Wohngegenden der weißen Mittelschicht im Norden. Im Zuge der Fußballweltmeisterschaft 2010 wurde der Bahnverkehr im Raum Johannesburg im Rahmen des „Gautrain"-Projekts ausgebaut. Eine Verbindung nach Pretoria, die die wohlhabenden weißen Vororte im Norden durchqueren würde, ist für die nächsten Jahre vorgesehen.

☞: Im multikulturellen Südafrika werden Pendlerzüge waggonweise oft von Predigern und ihren Anhängern bevölkert. Ein typischer Zug führt beispielsweise einen Wagen, in dem ein Rasta-Mann gegen das Fleischessen wettert, einen anderen, in welchem die Shembe-Sekte für die Rückkehr zu traditionellen Zulu-Werten eintritt und einen dritten, in welchem wiedergeborene Christen im Bann von Predigern stehen.

Gandhi und der Bahnhof von Pietermaritzburg

Mahatma Gandhi (1869-1948) war 1893 nach Durban in Südafrika gekommen, um für den indischstämmigen Händler Dada Abdulla als Rechtsberater zu arbeiten. Im Juni desselben Jahres musste Gandhi eine Bahnfahrt in die südafrikanische Hauptstadt Pretoria unternehmen. Er erwarb eine Erste Klasse-Fahrkarte und setzte sich in ein entsprechendes Abteil. In der Stadt Pietermaritzburg stieg ein Europäer zu und beschwerte sich beim Schaffner, denn `Kulis´ und Nicht-Weiße durften nicht in der ersten Klasse fahren. Gandhi protestierte und zeigte seine Fahrkarte. Doch das Bahnpersonal meinte, wenn er das Abteil nicht freiwillig verließe, müssten sie ihn aus dem Zug schmeißen. Und so geschah es dann: Gandhi wurde aus dem Zug gedrängt und sein Gepäck auf den Bahnsteig geworfen. Der Zug fuhr weiter und Gandhi zog sich in den Wartesaal zurück. Auf der Südhalbkugel war zu dieser Zeit Winter und Gandhi fror im 600 m hoch gelegenen Pietermaritzburg erbärmlich. Doch er wagte es nicht, das Bahnpersonal nach seinem Gepäck zu fragen, aus Angst, noch einmal gedemütigt zu werden. Er dachte lange darüber nach, ob er für seine Rechte kämpfen sollte oder es besser wäre, nach Indien zurück zu kehren. Er blieb jedoch mehr als 20 Jahre in Südafrika und kämpfte unter anderem gegen Rassendiskriminierung.

In Pietermaritzburg, einer der schönsten Städte Südafrikas, steht heute eine Bronzestatute Gandhis als Erinnerung für das, was dort 1893 auf dem Bahnhof geschah.

☞: Als Gandhi schließlich im Jahre 1915 nach Indien zurückkehrte, nutzte er die Bahn oft, doch er fuhr immer nur Dritte Klasse. Einmal verlor er beim Besteigen eines anfahrenden Zuges einen Schuh. Daraufhin warf er seinen anderen Schuh dem verlorenen nach. *Der arme Mann, der den Schuh findet, hat jetzt wenigstens ein Paar, welches er nutzen kann´*, war sein Kommentar.

Doornfontein Station

Als am 11. Juni 2009 im Zuge des Infrastrukturausbaus für die Fußballweltmeisterschaft 2010 in Johannesburg der neue Bahnhof Doornfontein eröffnet wurde, meinte der stellvertretende Verkehrsminister Cronin, Bahnhöfe wären in Südafrika bislang vernachlässigt worden und in kaum besseren Zustand als manche Gefängnisse im Land. Die Bahnhöfe sollten jedoch vielmehr wie die südafrikanischen Flughäfen aussehen, welche wunderbare Reiseziele darstellten.

Kinross und das Liebespaar

Eines Abends im September 2008 nutze ein schwarzes Paar das Gleisbett des stillgelegten Bahnhofs von Kinross in der Provinz Mpumalanga für eine Liebesnacht. Doch war die Bahnstrecke nur für den Personenverkehr stillgelegt, Güterzüge fuhren hier weiterhin durch. Dies wurde den beiden zum Verhängnis. Ein Güterzug überrollte sie und sie starben bald darauf an ihren Verletzungen.

Maputo - der Eiffelbahnhof

Der Bahnhof von Maputo, der Hauptstadt von Mosambik, ist sehenswert, denn er wurde von Gustave Eiffel entworfen. Im Januar 2009 setzte ihn das Nachrichtenmagazin Newsweek auf eine Liste der neun besten Bahnhöfe weltweit. In den 1990er Jahren wurde er mit UN-Mitteln saniert und mit einem neuen grünen Anstrich versehen. Jedoch sieht er nicht viel Verkehr, denn ganz Mosambik hat nur wenige Tausend Bahnreisende pro Tag.
☞ Wenig Züge fahren auch vom Bahnhof der wichtigen Hafenstadt Beira ab. 1966 von den Portugiesen fertig gestellt und in den 1990er Jahren auf der 500 Meticais-Münze des Landes verewigt, ist das Empfangsgebäude für nur ein Gleis und wenig Verkehr uberdimensioniert.

Asien

2. Japan

Die japanischen Eisenbahnen transportieren auf ihrem kleinen, im Wesentlichen schmalspurigen Netz fast die Hälfte der jährlich 30 Milliarden Bahnpassagiere weltweit. Tokio allein hat mit über 4 Milliarden etwa ein Achtel aller Bahnfahrgäste weltweit. Dies liegt am dichten Netz von Vorortbahnen im größten Ballungsraum der Welt, welches das innerstädtische U-Bahnnetz ergänzt.
Zu einem raschen Fahrgastwechsel tragen Türschließmelodien bei. Die sind auch nötig, da bereits Kleidungsstücke von Leuten, die Fahrgäste verabschiedeten, festgeklemmt und Personen so vom Zug mitgeschleift wurden. Die Eisenbahngesellschaften, teilweise auch größere Bahnhöfe, setzen (manchmal sogar nach Zugarten differenziert) verschiedene Melodien ein. Mittlerweile gibt es für diese Töne Sammler und auch als Klingeltöne kann man die Türschlusssignale mittlerweile erwerben. Dies verwundert nicht, denn Japan ist nach den USA der weltweit größte Musikmarkt und liegt bei klassischer Musik sogar an erster Stelle. Musik wird auch im Verkehr eingesetzt. In Japan gibt es sogar eine Straße, die mit Rillen versehen ist, die beim Überfahren mit der richtigen Geschwindigkeit eine Melodie ergeben. An diesen Beispielen wird die Technikverliebtheit der Japaner deutlich, die auch zu einer spezifischen Eisenbahnkultur geführt hat. Japaner mögen vor allem perfekte Mechanik, Automaten und Roboter. Der Hang zu Automatik führt zu Verkaufsautomaten mit teilweise abstrusem Angebot (wie Käfern) und langen Diskussionen in Internetforen, ob es einst wirklich solche für gebrauchte Damenunterwäsche gegeben hat. Japaner sind aber auch romantisch und mögen niedliche Dinge. Das zeigt sich in einem Hundedenkmal an einem Tokioer Bahnhof und zu einer Katze als Ehren-Bahnhofsvorsteher.

2.1 Bahnhöfe im Raum Tokio

Yokohama

Yokohama war die erste japanische Stadt, die für Ausländer geöffnet wurde. Viele von Außen kommende Innovationen kamen im 19. Jahrhundert zuerst in Yokohama zum Einsatz, so zum Beispiel Gasbeleuchtung. So fuhr auch der erste japanische Zug im Mai 1872 von Yokohama ab – zum Shimbashi-Bahnhof in Tokio. Von diesem ersten Bahnhof Japans ist nichts geblieben als eine Gedenktafel vor dem Sakuragicho Bahnhof in Yokohama.
Im April 1951 ereignete sich in diesem Bahnhof ein Unglück. Ein einfahrender Zug streifte eine los herunterhängende Oberleitung, es gab einen Kurzschluss und der Zug fing Feuer. 106 Fahrgäste verbrannten, 92 wurden verletzt.

Shimbashi

Shimbashi war der Tokioer Endbahnhof der ersten japanischen Eisenbahnlinie. Diese verband seit 1872 die japanische Hauptstadt mit der Hafenstadt Yokohama. 1914 wurde der Personenverkehr zum Bahnhof Tokio verlagert und Shimbashi zum Güterbahnhof Shiodome. 1986 wurde auch der Güterbahnhof geschlossen. Das Gelände wurde schließlich ab 1995 baureif gemacht. Dabei entdeckte man den Original-Bahnsteig und etliche bahnbezogene Erinnerungsstücke. Im Jahr 2003 wurde schließlich an der früheren Stelle des Bahnhofs ein Gebäude im Stil des alten Bahnhofs aber mit anderer Funktion errichtet.

Tokios Bahnhof und Amsterdam

Der 1914 eröffnete Bahnhof Tokio ahmt die Architektur des Hauptbahnhofs von Amsterdam nach. Man muss sich nur die Türmchen und Zinnen des holländischen Vorbildes

wegdenken, teils eine Folge von Kriegszerstörung und eines vereinfachten Wiederaufbaus.
Der Bahnhof wurde auch errichtet, um den Sieg über Russland im Krieg von 1905 zu feiern.
Im Jahr 1921 wurde der japanische Ministerpräsident Hara Takashi (*1856) im Bahnhof von einem Weichensteller politisch anderer Orientierung erstochen. Eine Gedenktafel im Bahnhof erinnert an den Vorfall.

Shinjuku

Als Bahnhof mit den meisten Passagieren der Welt gilt Tokio-Shinjuku, mit über 3 Millionen pro Tag (allerdings werden Umsteiger doppelt gezählt). Trotz der Passagiermassen funktioniert der Verkehr in der Regel reibungslos. Shinjuku war allerdings auch der erste japanische Bahnhof der Oshiya, also Drücker einsetzte, um Fahrgäste in U- und S-Bahn-Waggons zu drücken.

Harajuku und die Cosplay-Jugendlichen

Das Empfangsgebäude des Bahnhofs von Harajuku in Tokio ist ein adretter kleiner Fachwerkbau aus dem Jahre 1906. Die gepflegte Erscheinung des Bahnhofs weist ein wenig auf seine erste Besonderheit hin: am Rande der Gleisanlagen gibt es einen speziellen, abgeriegelten Bahnsteig für den kaiserlichen Zug, der allerdings immer seltener zum Einsatz kommt. Die zweite Besonderheit zeigt sich an Sonntagen, wenn sämtliche Toiletten des Bahnhofs blockiert sind. Dann dienen diese nämlich als Umkleidekabinen für Jugendliche, vor allem Mädchen, die sich im schwer zu definierenden, in den 1990ern entstandene *Harajuku-Style* (der zwischen Gothik, Punk und Manga changiert) kleiden und die eine Brücke am Bahnhof als Laufsteg nutzen.

Shibuya und der treue Hund Hachiko

Hachiko ist einer der berühmtesten Hunde Japans. Dieser Akita-Hund wurde im Jahre 1923 in der Stadt Odate geboren. 1924 wurde er von seinem Besitzer Hidesamuro Ueno, einem Professor für Agrarwissenschaft an der Universität Tokio, in die japanische Hauptstadt gebracht. Am Ende jeden Arbeitstages wartete der Hund am nahe gelegenen Bahnhof Shibuya, um sein Herrchen abzuholen. Doch im Mai 1925 starb Ueno. Trotzdem lief der Hund Hachiko weiter jeden Abend zum Bahnhof, um sein Herrchen zu begrüßen und dies 11 Jahre lang, bis zu seinem Tod. Hachikos Treue und Liebe zu seinem Herrchen berührte die Japaner, die ihm schließlich noch zu Lebzeiten am Bahnhof Shibuya ein Denkmal setzten. Ein Jahr später, im Jahre 1935, starb der Hund. Er wurde ausgestopft und ist seither im Wissenschaftsmuseum in Tokio-Ueno zu sehen. Im Krieg wurde die Bronzestatue für Rüstungszwecke eingeschmolzen. Doch bald nach dem Krieg etablierte sich eine Gesellschaft zum Wiederaufbau des Hachiko-Denkmals und 1948 wurde ein neuer Bronze-Hachiko aufgestellt. Im Jahr 2004 wurde dieser durch einen neuen Guss ersetzt. Eine ähnliche Statue findet sich im Bahnhof von Odate, dem Geburtsort Hachikos. Das Hachiko-Denkmal ist heute ein beliebter Treffpunkt, und ein Ausgang des Shibuya-Bahnhofs ist nach der Bronzefigur Hachiko-Ausgang benannt. Am 1. April 2007 berichtete die Zeitschrift Japan Times, dass die Statue durch Metalldiebe in der Nacht zuvor gestohlen wurde. Etliche Leser waren schockiert, doch es handelte es sich nur um einen Aprilscherz.

Ueno - wo man meine Sprache spricht

Der japanische Dichter Takuboku Ishikawa (1885-1912) schrieb über den Ueno-Bahnhof im Norden Tokios folgendes Kurzgedicht: „Wenn das Heimweh kommt, gehe ich zum Ueno Bahnhof, dort, wo man meine Sprache spricht."

Denn der Ueno-Bahnhof war das Tor nach Tohoku, dem Nordosten der japanischen Hauptinsel Honshu, wo Ishikawa geboren wurde. Dort spricht man einen besonderen, schwerfälligen Dialekt und Leute aus Tohoku kamen nicht nur in Ueno an und reisten von dort ab sondern trafen sich dort auch, wenn sie Heimweh hatten um unter sich und der Heimat näher zu sein. Stationsansagen wurden sogar manchmal im Tohoku-Dialekt gesprochen, damit sich die Leute aus dieser Region zurechtfanden. So berichtete zumindest Hermann Vinke in einem Artikel in der Zeit vom 15.11.1985. Ishikawa, siedelte mit 20 Jahren von Morioka, dem Zentrum von Tohoku, nach Tokio über, konnte dort allerdings kaum von seiner Dichtkunst leben und starb bereits mit 27 an Tuberkulose.

☞: Der französische Schriftsteller Roland Barthes (1915-1980) schrieb später ebenfalls über den Ueno-Bahnhof - in seinem Buch *L'Empire des signes* (Das Reich der Zeichen) aus dem Jahre 1970. Ihm fielen die Reisenden mit Skiern auf, die von hier in den Norden Japans aufbrachen.

Ueno und die Fahrplanfreaks

Der Bahnhof Tokio Ueno gilt auch als Treffpunkt japanischer Schienenfreaks, die dort mit dem Taschenfahrplan Jikokuhyo in der einen und einer Uhr in der anderen Hand, die Pünktlichkeit der Züge überprüfen.

Trotz straffer Fahrpläne und sehr kurzer Haltezeiten auf den Bahnhöfen sind die Züge in Japan sehr pünktlich. Allerdings gab es bereits Unfälle, weil Lokführer Verspätungen durch überhöhte Geschwindigkeiten aufholen wollten. Wegen Verspätungen hatten Lokführer auch schon Selbstmord begangen.

Komagome und die Azaleen

Der Komagome Bahnhof in Tokio ist dafür bekannt, dass sich von seinen Bahnsteigen im April und Mai jeden Jahres ein farbenfroher Anblick bietet. Dann blühen die Azaleensträucher an den Gleisen tiefrosa. In Komagome wurde einst auch der Someiyoshino-Kirschbaums gezüchtet, welcher im Frühjahr besonders schön blüht. Deshalb nutzt das Zugabfahrtssignal des Bahnhofs die Melodie eines Kirschbaumliedes.

Der Mitaka-Vorfall

Der eher unscheinbare Bahnhof des Tokioer Stadtviertels Mitaka wurde erst im Jahr 1930 eröffnet.
1949 erreichte die Bahnstation jedoch traurige Berühmtheit. Ein unbemannter Zug mit festgestelltem Regler raste in den Bahnhof und tötete 6 Menschen. Die Hintergründe wurden nie ganz geklärt, doch man ging von einem Sabotageakt von Mitarbeitern der Eisenbahnergewerkschaft aus. Der Bahnmitarbeiter Keisuke Takeuchi wurde daraufhin zum Tode verurteilt. 18 Jahr später starb er in seiner Zelle an einem Gehirntumor.

Kamiigusa und der Gundam Roboter

Japan gehört zu den führenden Comic-Nationen weltweit. Die japanischen Manga Comics stehen mittlerweile sogar auch bei deutschen Jugendlichen an erster Stelle der Beliebtheitsskala. Neben Comics haben die Japaner auch eine Schwäche für Roboter. Unter den Manga Comichelden sind deshalb auch Roboter, zum Beispiel Gundam. Das japanische Zeichentrickfilmbüro Sunrise produziert Gundam-Anime (Animationsfilme) und sitzt im Tokioer Stadtteil Suginami, unweit des Kamiigusa-Bahnhofs. Kein Wunder, dass Pendler Pläne von Sunrise, eine Statue Gundams errichten zu lassen, mit Unterschriften unterstützten. Im März 2008 war es soweit: am Bahnhofseingang wurde eine 3 m hohe Gundam-Bronzestatue aufgestellt. Man hofft dadurch auch, Touristen in das Stadtviertel locken zu können.

Kansai und die Fahrradstation

Im April 2008 wurde im Kansai Bahnhof von Tokio die größte Fahrradstation weltweit eröffnet. Dabei handelt es sich um eine automatische Anlage mit 18 unterirdischen Zylindern, die insgesamt 9400 Fahrräder aufnehmen können. Die Abgabe und Rücknahme eines Fahrrades benötigt nur 30 Sekunden.

Ebisu und der Glücksgott

Der Ebisu-Bahnhof im Tokioer Stadtviertel Shibuya ist nach dem Yebisu Bier benannt, das früher in der Nähe des Bahnhofs gebraut wurde. Dieses leitet seinen Namen wiederum vom Glücksgott Ebisu ab. An der Bahnhofsfassade ist deshalb eine Bronzestatue des Ebisu-Gottes zu sehen.

Tokio Hamamatsucho und der kleine Mann

Auf dem Bahnsteig des Hamamatsucho Bahnhofs von Tokio steht überraschenderweise eine Nachbildung des Brüsseler Manneken Pis. Und auch der kleine Mann von Tokio erleichtert sich - in ein Wasserbecken auf dem Bahnsteig. Ebenfalls wie in Brüssel wechselt das Manneken zur Freude der Pendler immer wieder seine Kleider. Der Japaner Hikaru Kobayashi hatte die Statue im Jahr anlässlich des 80. Geburtstages der japanischen Eisenbahn 1952 gespendet. Erst war der kleine Junge aus weißem Porzellan, erst seit 1968 steht er als dunkle Bronzestatue auf einem Podest auf dem Bahnsteig.

☞ Ein weiterer Bahnhof im Raum Tokio mit einer Plastik ist Yurakucho: hier steht auf dem Bahnsteig inmitten von Pflanzen die Tonfigur eines Waschbären.

2.2 Bahnhöfe im Raum Osaka-Nagoya

Osaka und der Big Man

Der Umeda-Bahnhof in Osaka ist mit 2.3 Millionen Reisenden pro Tag der am drittstärksten frequentierte Bahnhof weltweit. Der Bahnhofskomplex ist mit dem Osaka-Bahnhof, U-Bahnen und Einkaufsebenen verbunden. Kein Wunder, dass hier mit 1.6 m/Sekunde die schnellsten Fußgänger Japans unterwegs sind. Als markanter Treffpunkt fungiert der riesige (10x10 m) ‚Big Man'-TV-Bildschirm. In Osaka sagt man "*Biggu Man ni aimashou*" (‚Treffen wir uns am Big Man').

Kioto - moderner Bahnhof in alter Stadt

Kioto war einst Hauptstadt Japans und ist für seine historischen Sehenswürdigkeiten und zahlreichen Tempel bekannt. Im 2. Weltkrieg wurde die Stadt von den Amerikanern bewusst verschont. Der 1997 erbaute Hauptbahnhof Kiotos bricht jedoch jede historische Tradition und die sonst in der Stadt herrschende Höhenbegrenzung. Konservative Politiker empfanden ihn deshalb als Schandfleck. Sein Empfangsgebäude, dessen Hallendach die Krone eines Bambuswaldes imitiert, birgt ein mehrstöckiges, durch eine Rolltreppenkaskade erreichbares Einkaufszentrum. Die Bahn hat hier versucht, aus dem Grundstück das Maximale herauszuholen.

Nagoya, das höchste Bahnhofsgebäude

Das gilt auch für Nagoya, wo sich ein noch höheres Bahnhofsgebäude, das höchste der Welt, findet. Zum Bahnhofskomplex gehören nämlich zwei über 50-stöckige Bürotürme. In einem davon befindet sich das Hauptquartier der Central Japan Railway Company (JR Central), das andere bringt der Bahn hohe Mieteinnahmen.

2.3 Bahnhöfe im Norden Honshus

Utsunomiya und die Ekiben

Ekiben sind an japanischen Bahnhöfen erhältliche Plastikkästchen mit Mahlzeiten. Diese Behältnisse werden *Bento* genannt und haben Fächer für verschiedene Speisen. Ekiben bestanden ursprünglich aus in Bambusblätter verpackten Reisbällchen. Als die Züge noch langsamer waren, Reisen also länger dauerten und sonstige Verpflegungsalternativen noch wenig ausgebaut waren, spielten Ekiben für Reisende eine große Rolle. Heute gibt es Fahrgäste, die mit Spannung neue Ekiben-Kreationen erwarten. Die ersten Ekiben (in Form von in Seetang eingewickelten Reisbällchen, den Onigiri) wurden bereits 1885 im Bahnhof Utsunomiya, der etwa 50 km nördlich von Tokio liegt, verkauft. Die Stadt Utsunomiya ist übrigens in Japan für ihre Gyoza-Knödel bekannt.

Nikko und Wright

Die Stadt Nikko liegt in den Bergen, 140 km nördlich von Tokio. Nikko ist ein beliebtes Ausflugsziel mit vielen historischen Gebäuden. Ein buddhistischer Tempel, ein Shinto-Schrein und ein Mausoleum sind auf der UNESCO-Liste des Weltkulturerbes verzeichnet. Auch der 1915 erbaute JR- Bahnhof der Stadt (daneben gibt es einen Bahnhof der Tobulinie) ist etwas besonderes, denn er wurde vom berühmten amerikanischen Architekten Frank Lloyd Wright (1867-1959) entworfen. Ein weiteres von Wright entworfenes japanisches Gebäude ist das 1916 erbaute Imperial Hotel in Tokio. Im Bahnhof von Nikko gibt es einen bis heute in seiner Gestaltung unveränderten Gästeraum, der einst vom Kaiser genutzt wurde, wenn er im Ort zu Besuch war. Im ersten Stock des Bahnhofs gibt es ein weiteres Kuriosum: einen Ballsaal mit großem Kronleuchter.

Shinchi und der Tsunami

Am 11. März 2011 wurde die Nordostküste Honshus durch ein schweres Erdbeben und einen dadurch ausgelösten verheerenden Tsunami verwüstet, mehr als 20 000 Menschen kamen ums Leben. Der Tsunami zerstörte auch die Bahnstation von Shinchi, die an der Bahnlinie Tokio-Sendai liegt. Ein Zug mit vier Waggons war aus den Gleisen geworfen worden und kopfüber liegen geblieben. Allerdings hatte die Tsunami-Warnung hier funktioniert, alle Passagiere waren bereits vorher ausgestiegen. Auch etliche andere Bahnhöfe wurden im März 2011 vom Tsunami zerstört, so Minami und Ishinomak.

Glimpflicher ist die Station Okuma an der gleichen Bahnstrecke, der Joban Line, davongekommen. Doch aussteigen darf auch hier keiner mehr. Okuma liegt so nahe am im März 2011 zerstörten AKW-Komplex von Fukushima-Daiichi, dass die gesamte Bevölkerung evakuiert werden musste.

Der Bahnhof der Großstadt Fukushima wurde nicht zerstört, er liegt im Binnenland, 50 km von der Küste und damit relativ weit von den havarierten Kraftwerken entfernt.

☞ Bei Hiroshima gab es eine Station namens Tsunami. Sie wurde jedoch im Jahr 2003 stillgelegt.

2.4 Bahnhöfe im Süden und Westen Honshus

Die Katze Tama im Bahnhof von Kishi

Im April 2006 machte die Eisenbahngesellschaft Wakayama alle Bahnhöfe auf der Kishigawa-Linie (die im Süden der japanischen Hauptinsel Honshu verläuft) zu unbesetzten Stationen, so auch den kleinen Kishi-Bahnhof. Beschäftigte von in der Nähe der Bahnhöfe gelegenen Unternehmen wurde die Aufgabe übertragen, in den Bahnhöfen nach dem Rechten zu sehen. Für den Kishi-Bahnhof wurde der Einzelhändler Toshiko Koyama ausgewählt. Koyama kümmerte sich auch um streunende Katzen, die Katze Tama war ihm besonders ans Herz gewachsen, er fütterte sie regelmäßig am Bahnhof.Japaner sind Katzenfreunde, die niedliche Comickatze *Hello Kitty* ist bei japanischen Frauen Kult. Ganz überrascht es deshalb nicht, dass die Bahnangestellten im Januar 2007 beschlossen, die Katze Tama offiziell zum Bahnhofsaufseher zu machen. Die Katze bekam eine Bahnhofsvorstehermütze, und tägliche Thunfischverpflegung. Im Januar 2008 wurde sie sogar zum *Super-Station Master*, zum Super-Bahnhofsvorsteher, befördert und bekam 2 Katzen als `Assistenten´. Außerdem wurde für Tama in einem ehemaligen Fahrkartenschalter ein `Büro´ eingerichtet. Diese Investitionen haben sich für die Bahngesellschaft auf jeden Fall gelohnt. Die japanweite Publicity ließ die Fahrgastzahlen um mehr als 10% ansteigen und haben der örtlichen Wirtschaft zu zusätzlichen Einnahmen von 10 Millionen Dollar verholfen. Im Juni 2015 starb Tama im Alter von 16 Jahren. Nachfolger wurde die Katze Nitama.

Settsu und das Kohlendioxyd

Die Stadt Settsu und das Unternehmen Hankyo kündigten im Oktober 2008, dass sie mit der Erarbeitung eines Plans begonnen hatten, den Bahnhof der Stadt in eine CO_2-

neutrale Station zu verwandeln. Zunächst sollen die CO_2-Emissionen des Bahnhofs von jährlich 65 auf 30 Tonnen reduziert werden. Diese restlichen Tonnen sollen durch Emissionshandel neutralisiert werden. CO_2-Emissionen sollen unter anderem durch Solarzellen, energiesparende, Aufzüge, welche beim Abbremsen Energie rückspeisen, LED-Beleuchtung, die Rückgewinnung von Regenwasser und wasserlose Urinale erreicht werden.

Kanazawa und die Wasseruhr

Die an der Westküste der Hauptinsel Honshu gelegene Stadt Kanazawa (450 000) wurde im 2. Weltkrieg nicht bombardiert und weist deshalb noch viel historische Architektur auf. Das Tsuzumi-Tor am modernen Bahnhof stellt Bezüge zur Architektur der Stadt her. Das Tor kam zu seinem Namen, weil seine beiden Pfeiler an traditionelle japanische Trommeln (Tsuzumi) erinnern. Unter dem Tor fließt ein künstlicher Bach, welcher sich nach wenigen Metern in einen Wasserfall ergießt. Am Bahnhof zeigt eine Digitaluhr die Zeit an. Überraschenderweise sind deren Zahlen aus Wasser. Computergesteuert bilden Wasserstrahlen arabische Ziffern nach. Von einer gewissen Entfernung betrachtet verschmelzen die einzelnen Mini-Wasserfontänen zu einer lesbaren Zahl.

Obama und der Präsident

An der Westküste Honshus liegt die Mittelstadt Obama (32 000 Einwohner). Bei der US-Präsidentenwahl im Herbst 2008 fieberten die Einwohner der Stadt verständlicherweise mit dem gleichnamigen Kandidaten der Demokraten. 2009-2016 war Obama US-Präsident und der Touristenladen gegenüber dem Bahnhof bot unter anderem T-Shirts und ein Reisgebäck mit dem Konterfei des Präsidenten an. Der 4. November, der Tag der Wahl Obamas, wurde in der Stadt zum Feiertag erklärt.

2.5 Bahnhöfe im Seikantunnel und auf Hokkaido

Der Seikantunnel und seine Bahnhöfe

Im März 1988 wurde der 53.9 km lange Seikan-Tunnel eröffnet, der die japanische Hauptinsel Honshu mit der nördlichen Insel Hokkaido verbindet. Er ist 3 Kilometer länger als der Kanaltunnel (allerdings verlaufen nur 23 km unter dem Meer) und der längste Eisenbahntunnel der Welt. Der Seikan-Tunnel leidet allerdings unter schwachem Verkehr. Schienengüterverkehr gibt es in Japan nur wenig und durch den Tunnel fahren nicht die Normalspur-Shinkansen-Hochgeschwindigkeitszüge, sondern die in Japan üblichen Schmalspurzüge. So dauert eine Bahnfahrt von Tokyo nach Sapporo trotz Tunnels mehr als 10 Stunden, keine Konkurrenz zum Flugzeug. Im Tunnel gab es einst zwei Bahnhöfe- die ersten Unterseebahnhöfe weltweit, die als Notfallstationen dienten. Sie enthielten zudem Eisenbahnmuseen. Ein Bahnhof wurde bereits für die Einrichtung der Normalspur-Hochgeschwindigkeitslinie durch den Tunnel abgebrochen, im Tunnelbahnhof Tappi-Kaitei halten dagegen noch täglich einzelne Züge.

Sapporos alter Bahnhof

Japan wird auch *Land der acht Inseln* genannt, doch zu diesen Inseln wird Hokkaido nicht gezählt, denn es gehört nicht zum historischen Kernraum Japans. Hier lebten einst Ainus, Japaner besiedelten die Insel erst im 19. Jahrhundert, um zu verhindern, dass sie dem expandierenden Russischen Reich anheimfiel. Sapporo, die größte Stadt Hokkaidos bekam 1880 Bahnanschluss und war damals Endbahnhof. 1907 brannte der Bahnhof ab und wurde 1908 neu aufgebaut. Ein Nachbau (in verkleinertem Maßstab) dieses Bahnhofs kann im *Historical Village of Hokkaido* besichtigt werden.

Sapporos neuer Bahnhof und dessen Turm

1951 wurde der 1908 erbaute Fachwerkbahnhof durch einen modernen Betonbau ersetzt. Dieser musste 2003 einem Neubau mit angeschlossenem Bürohochhaus weichen (für die JR Eisenbahn sind Immobilien eine wichtige Einnahmequelle). Dieses der Bahn gehörende 173 m hohe Bürohochhaus ist das höchste Gebäude Hokkaidos. Auf dem 38. Stock sind im Männerklo die Urinale so angeordnet, dass man beim Pinkeln die Aussicht über die Stadt und den Bahnhof genießen kann.

Kushiro-Shari und die Eisschollen

Im Norden Hokkaidos ist das Klima bereits sehr rau und im Winter durch von Sibirien kommende Kaltluft geprägt. Im Winter treiben sogar Eisschollen an der Küste.
Der Norokko-Zug fährt zwischen Januar und März zweimal täglich die Nordwestküste Hokkaidos entlang. Der Bahnhof von Kitahama liegt dabei dem Meer am nächsten. Die Züge halten hier extra lang, damit man eine Aussichtsplattform besteigen kann, von wo sich ein guter Ausblick auf die Eisschollen im Meer von Ochotsk bietet. Das Büro des Stationsvorstehers wurde in ein Café umgewandelt und dessen Wände sind Grußkarten und Fahrkarten, welche von Besuchern aus aller Welt hinterlassen wurden.

Kawayu-Onsen und das Fußbad

Kawayu–Onsen im Osten Hokkaidos ist für seine schwefelreichen Quellen bekannt. Der Bahnhof des Ortes wartet mit einer Besonderheit auf: im hölzernen Empfangsgebäude aus dem Jahr 1936 befindet sich ein Fußbad, das von örtlichem warmem Quellwasser gespeist wird und welches Fahrgäste zur Entspannung nutzen können.

2.6 Bahnhöfe auf der Insel Kyushu

Huis ten Bosch (bei Nagasaki)

Der Hauptbahnhof Tokios, hatte den Amsterdamer Hauptbahnhof zum Vorbild, was allerdings heute kaum noch zu erkennen ist. Deutlich holländischer wirkt dagegen der Bahnhof von *Huis ten Bosch*, einem Holland-Themenpark unweit von Nagasaki (von dort sind es 40 Minuten mit dem Zug, es gibt einen eigenen Huis ten Bosch Expresszug). Ein Hotel in diesem Mini-Holland ist sogar dem Hauptbahnhof von Amsterdam nachempfunden - allerdings, zwecks Maximierung der Bettenzahl, um etliche Geschosse aufgestockt. Ob dieses heute noch gebraucht werden ist fraglich, denn in den letzten Jahren gingen die Besucherzahlen stark zurück.

Der Hikyo Bahnhof von Akase

In Japan gibt es ein spezielles Wort für abgelegene, kaum von Zügen bediente Bahnhöfe bzw. Haltepunkte. Diese werden Hikyo-Bahnhöfe genannt. Besonderen Reiz gewinnen diese für Bahnfans, wenn sie in schöner Landschaft liegen, die Vegetation sich ihrer immer mehr bemächtigt und kaum Passagiere zusteigen. Der japanische Eisenbahnfan Takanobu Ushiyama machte das Phänomen der Hikyo-Stationen in den letzten Jahren durch eine entsprechende Webseite bekannt und im Jahr 2001 wurde ein Buch zu Hikyo-Bahnhöfen publiziert. Das sorgte für eine wachsende Zahl von Hikyo Fans und Hikyo-Besuchern. Ein Beispiel für einen Hikyo-Bahnhof ist die Station Akase an der Misumi-Linie auf der Insel Kyushu.

3. Übriges Ostasien

Asien ist der Eisenbahnkontinent der Zukunft. China und Indien sind die Länder mit der höchsten Verkehrsleistung im Eisenbahnpersonenverkehr (jeweils etwa 700 Milliarden Personenkilometer, zusammen über 50% des Welteisenbahnpersonenverkehrs), dahinter folgt Japan. Während der Bahnverkehr in Japan stagniert, wächst der Schienenpersonenverkehr in Indien und China rasant. Mit zunehmendem PKW-Bestand werden die Straßen in diesen dicht besiedelten Ländern bald so verstopft sein, dass nur noch die Schiene schnelles Vorankommen sicherstellen kann. Dies ist in Japan heute schon der Fall, wo ein sehr engmaschiges (schmalspuriges) Schienennetz vor allem im Vorortverkehr jährlich Milliarden von Pendlern befördert. Die Entwicklung eines intensiv genutzten Schienennahverkehrs zeichnet sich auch in indischen Städten wie Bombay und Kalkutta ab. Am meisten wird heute jedoch in China in die Schiene investiert. Hier entstanden in Peking und Shanghai in den letzten Jahren riesige neue Bahnhöfe, ein Hochgeschwindigkeitsnetz befindet sich im Bau. China ist außerdem das erste Land, in welchem eine Magnetschnellbahn fährt. Hochgeschwindigkeitslinien gibt es heute außer in Japan und China (seit 2008) auch in Korea und Taiwan. Für Indien sind welche geplant. Internationalen Eisenbahnverkehr gibt es in Asien noch wenig, aber auf dem südostasiatischen Festland ist Eisenbahnpersonenverkehr von Thailand, über Kambodscha und Vietnam bis China geplant.

Zu den schönsten Bahnhöfen Asiens gehören jedoch nicht die für die neuen Linien gebauten modernen Stationen, sondern solche, die zur Kolonialzeit von europäischen Architekten in pseudo-orientalischem Stil errichtet wurden, wie in Bombay (Mumbai), Madras (Chennai) und in Kuala Lumpur.

3.1 Nordkorea

Pjöngjang und Kim Jong Il

An der Fassade des Hauptbahnhofs von Pjöngjang ist ein Portrait des ehemaligen Präsidenten Kim Il Sung angebracht, darunter der Spruch `Lang lebe der Große Führer Genosse Kim Il Sung`. Das ist insofern bemerkenswert, als der 1912 geborene Kim bereits seit 1994 tot ist. Nachfolger wurde sein Sohn Kim Jong Il (*1942) und dieser hat seinen Vater, ob tot oder lebendig, als `ewigen Präsidenten` von Korea bestimmt. Kim Il Sungs Portrait hängt übrigens in jedem Bahnhof Nordkoreas, allerdings in einer kleineren Version als am Hauptstadtbahnhof.

Der Präsident und die Eingebung

Der auf Kim Il Sung bezogene Personenkult wurde auch an folgender offiziell kolportierter Anekdote deutlich:
Am Abend des 6. Februar 1962 schaute sich Kim Il Sung den Schalterraum eines kleinen Bahnhofs in den Bergen an, als er plötzlich eine Eingebung hatte. An der Wand hing eine Fahrpreistabelle aus. Wie damals üblich, waren in dieser die Schriftzeichen vertikal angeordnet. Kim redete mit dem Bahnhofsvorsteher und empfahl diesem, die Fahrpreise in arabischen Ziffern anzugeben und diese von links nach rechts, also horizontal anzuordnen. Kim verließ den Bahnhof und meinte, er würde am nächsten Morgen noch mal vorbeikommen, um sich die neue Fahrpreistabelle anzuschauen. Am frühen Morgen inspizierte er die neue Tabelle und gratulierte dem Bahnpersonal für die vorgenommenen Veränderungen. Schließlich ordnete er an, dass alle Bahnhöfe des Landes solche Fahrplantabellen einführen sollten.

☞ Kim Il Sung litt unter Flugangst. Selbst Auslandsreisen (auf Russland und China und die Mongolei beschränkt) unternahm er per Bahn.

Die Explosion im Bahnhof von Ryongchon

Im April 2004 kam es zu einer Explosion im Bahnhof der nordkoreanischen Stadt Ryongchon, als mit Ammoniumnitrat geladene Waggons beim Rangieren mit der Oberleitung in Kontakt kamen. Ein 15 Meter tiefer Explosionskrater entstand, viele Menschen starben und hunderte Gebäude wurden zerstört. Nach Angaben des Roten Kreuzes, das ausnahmsweise Zugang zur Unglückstelle bekam, gab es 54 Tote, südkoreanische Medien berichteten von bis zu 3000 Toten. Der nordkoreanische Diktator Kim Jong Il war nur wenige Stunden vorher aus China kommend mit dem Zug durch den Bahnhof gereist. Dies nährte Spekulationen, wonach es sich um einen Anschlag gehandelt haben könnte.

Der Präsidentenbahnhof in Hyesan

Kim Jong Il litt an Flugangst leiden. Deshalb unternahm er Fernreisen nur per Bahn. Das schränkte seinen Aktionsradius allerdings auf die Nachbarländer Russland und China ein. Selbst nach Moskau war er per Sonderzug unterwegs. Wenn ein außerplanmäßiger Zug durch Sibirien rast, fragen sich manche Bahnbeobachter, ob der nordkoreanische Diktator an Bord wäre.

Seinen Sommerurlaub verbrachte Kim Jong Il in den Bergen im Norden des Landes, unweit der chinesischen Grenze. Um dorthin zu gelangen, hatte sich Kim in der Nähe der Stadt Hyesan einen eigenen Bahnhof bauen lassen. Als Kim 1985 einen ersten Bahnhof dort errichten ließ, beklagte er sich, dass dieser von China aus eingesehen und von chinesischen Flugzeugen angegriffen werden konnte. Der Bahnhof wurde zu einer Munitionsfabrik umgebaut und schließlich wurde in einer für Flugzeuge schlecht erreichbaren Schlucht ein neuer, allerdings auch bescheidenerer Bahnhof für Kim eingerichtet. Auch

Kim Il Sung hatte in der Gegend einst einen eigenen Bahnhof. Dieser wurde aber später abgerissen.

Kaesong Endbahnhof

Kaesong war einst ein Bahnhof an der Eisenbahnstrecke Seoul-Pjöngjang. Doch mit der Teilung Koreas unterbrach die wenige Kilometer südlich von Kaesong verlaufende Demarkationslinie die Bahnverbindung zwischen beiden Städten. Kaesong wurde Endbahnhof der von Pjöngjang kommenden Linie. Kaesong wurde damit auch zum Symbol der Teilung des Landes und nach der Jahrtausendwende gab es Bestrebungen, aus dem Endbahnhof wieder einen Durchgangsbahnhof zu machen. Der Bahnverkehr zwischen beiden Ländern wurde nach 50 Jahren Unterbrechung mittlerweile wieder aufgenommen, allerdings fahren bisher nur Güterzüge. Im Herbst 2008 wurde der Verkehr allerdings bereits wieder unterbrochen.

Hamhung

Die Großstadt Hamhung litt unter den nordkoreanischen Hungerkatastrophen der 1990er Jahre mehr als andere Städte, da sie weniger privilegiert versorgt wurde als die Hauptstadt und gleichzeitig zu groß ist, sich selbst aus dem Umland versorgen zu können. Es gibt Berichte, wonach 10% der Stadtbevölkerung verhungert sind. *Google Earth* Luftbilder, die Massengräber am Stadtrand zeigen, scheinen dies zu bestätigen. Aus Verzweiflung unternahmen im Jahr 1995 Soldaten aus Hamhung einen Protestmarsch Richtung Hauptstadt. Im Koreakrieg war Hamhung stark zerstört worden und wurde später im sozialistischen Plattenbaustil wieder aufgebaut, was sich auch im Bahnhof der Stadt zeigt. Wegen der schlechten Versorgungslage galt ein Aufenthalt dort für Besucher bis vor wenigen Jahren als gefährlich, da es immer wieder zu Raubüberfällen kam.

3.2 Südkorea

Dorasan

Südkoreanisches Pendant von Kaesong ist der Bahnhof von Dorasan. Der Bahnhof ist mit Bildern geschmückt, die unter anderem Szenen aus der Eisenbahngeschichte des Landes zeigen, aber auch in die Zukunft weisen. Ein Poster zeigt eine Bahnlinie mit der Aufschrift: *Not the last Station from the South, but the first Station toward the North.* Ein anderes Bild zeigt, wie sich Kim Jong Il und der südkoreanische Ministerpräsident am 15. Juni 2000 in der Stadt die Hände reichen – vor der Landkarte eines vereinten Koreas.

Seoul - der Bahnhof der Hauptstadt

Architekt des 1925 eröffneten Bahnhofs von Seoul war der Japaner Tsukamoto Yasushi. Dieser nahm sich den Hauptbahnhof von Tokio als Vorbild, dessen Architekt sich wiederum an die Zentralstation von Amsterdam anlehnen soll. Die Bahnhofskuppel erinnert allerdings wiederum eher an die des Bahnhofs von Antwerpen (dessen Kuppel den alten Bahnhof von Luzern zum Vorbild hatte). Unter den Japanern hatte der Bahnhof auch strategische Bedeutung. Von ihm aus sollten Soldaten Richtung China transportiert werden. Heute verschwindet dieser älteste noch bestehende Bahnhof Koreas fast hinter neuen Glasfassaden-Bahnhofsgebäudeteilen, die für den Hochgeschwindigkeitsverkehr 2004 errichtet wurden.

Gwangmyeong

Gwangmyeong ist ein Vorort von Seoul. Gwangmyeong war ursprünglich als Endbahnhof für die KTX-Hochgeschwindigkeitszüge vorgesehen und entsprechend ausgebaut worden. Doch schließlich kam der Endbahnhof der Hochgeschwindigkeitslinie nach Seoul. Der Bahnhof von

Gwangmyeong ist darum für den heutigen Zugverkehr überdimensioniert. Er hat deshalb bei Eisenbahnfans den Spitznamen *Gwangmyeong Airport*.

Yongsan und der Wasserfall

Endstation der Hochgeschwindigkeitszüge im Raum Seoul wurde schließlich Yongsan. Dieser Bahnhof wurde nach 2004 in ein riesiges Einkaufszentrum verwandelt. Vom Straßenniveau aus muss man eine vielstufige breite Treppe erklimmen, um auf Bahnsteigniveau zu kommen. Auf einem Teil dieser Treppe wurde ein Wasserfall eingerichtet, der nachts durch eine Lichtshow illuminiert wird.

Daegu

Anfang 1950 versammelten sich auf dem Bahnhofsplatz von Daegu Studenten und Jugendgruppen, um gegen die ‚kommunistischen Aggressoren' und deren Absichten, die Halbinsel sozialistisch zu machen, zu protestieren. Im Sommer desselben Jahres war der Bahnhofsbereich zu einem gigantischen Flüchtlingslager geworden. Zehn Jahre später, im Juli 1960, versammelten sich tausende Frauen in traditionelles Weiß gekleidet, auf dem Bahnhofsplatz von Daegu zu einem Treffen der Hinterbliebenen des Koreakrieges. Die Ansprache endete mit den Worten: *„Ihr kummervollen Seelen der unbeerdigten Toten wir werden um euch noch die nächsten tausend Jahre weinen."*

Sennan - der Dichterbahnhof

Im Jahre 2007 wurde erstmal in Asien ein Bahnhof nach einem Dichter benannt. Der koreanische Schriftsteller Kim Yujeong (1908-1937) verstarb jung, hinterließ aber dennoch ein Œuvre von mehr als 30 Werken. Der 100 km östlich von Seoul unweit seines Geburtsortes gelegene Bahnhof von Sennan erhielt 2007 den Namen des Poeten.

3.3 China

Die Eisenbahn kam relativ spät nach China und entwickelte sich Anfangs erst zögerlich. Denn die alte Kulturnation China empfand diese Technologie anfangs als ihr von den Europäern aufgezwungen. Als eine englische Firma. Im Jahre 1876 eine Schmalspurlinie von Shanghai nach Wuzong errichtete, wurde diese von den Chinesen gleich nach dem ersten Unfall stillgelegt und die Gleise ins Meer geworfen. Nachdem China 1949 kommunistisch geworden war, kam die Planwirtschaft an einem Ausbau der Eisenbahn jedoch nicht vorbei. Mit dem durch die wirtschaftliche Liberalisierung nach 1979 ausgelösten Wirtschaftsboom hat sich der Eisenbahnausbau in den letzten Jahrzehnten sogar beschleunigt. Mittlerweile steht China weltweit an der Spitze, was die von der Bahn geleisteten Personenkilometer betrifft und bei den Tonnenkilometern (nach den USA) an zweiter Stelle. In den letzten Jahren sind in China jedes Jahr mehr als 1000 km neue Bahnstrecken eröffnet worden und in den Großstädten teilweise spektakuläre Bahnhofsbauwerke entstanden.
Auch der Eisenbahnhochgeschwindigkeitsverkehr den China im April 2007 einführte ist seither sehr rasch ausgebaut worden. Mittlerweile besteht ein Netz von fast 38 000 km. Der Anteil Chinas am Welthochgeschwindigkeitsstreckennetz beträgt mittlerweile zwei Drittel. Bis 2035 soll das Netz weiter auf 70 000 km wachsen, die Netzlänge sich damit fast verdoppeln. Nirgends sind in den letzten zwei Jahrzehnten so viele Fernbahnhöfe gebaut worden, wie am Rande chinesischer Metropolen. Es werden wohl noch weitere hinzukommen.

Kennzahlen der Eisenbahn in China

Jahr	**2000**	**2005**	**2019**
Bahnhöfe	5785	5561	5500
Netzlänge (km)	70 057 (01)	75 438	140 000
Hochgeschwindigkeitsnetz (km)	-	-	37 900
Beförderte Personen (Millionen)	1019	1156	3660
Personenkilometer (Milliarden)	447	606	1471
Tonnenkilometer (Milliarden)	1334	2073	3008

Quelle: Chinesische Eisenbahn

U-Bahnnetz: 6100 km, darunter Peking 691 km, Shanghai 700 km, Chengdu 519 km, Gunagzhou (Kanton) 492 km, Shenzen 411 km, Wuhan 339 km

Pekings Bahnhöfe

Pekings Straßen sind im Zentrum seit jeher streng in Nord-Süd- und Ost-Westrichtung ausgerichtet. Das Ganze war einst von einer Mauer umgeben. Heute folgt eine U-Bahnlinie der ehemaligen Mauer und jede Himmelsrichtung ist durch einen Bahnhof abgedeckt. So gibt es einen Westbahnhof, einen Südbahnhof, einen Ostbahnhof und einen Nordbahnhof. Das chinesische Wort für Norden ist Bei. Beijing (Peking) bedeutet ‚nördliche Hauptstadt' (Nanjing übrigens ‚südliche Hauptstadt'). Peking hat einen Xi, einen Bei, einen Dong und einen Nan-Bahnhof. Das chinesische Wort für Bahnhof ist übrigens Zhan.

	Nord Bei	
West Xi	**Mitte** Zhong	**Ost** Dong
	Süd Nan	

Pekings alter Bahnhof am Tiananmen-Platz

An der Südseite des Tiananmen-Platzes steht ein europäisch aussehendes ehemaliges Empfangsgebäude, welches den Bahnhöfen von Hamburg und Wiesbaden ähnelt. Dieser Qian Men-Bahnhof wurde 1911 eröffnet und war einst der Endpunkt einer von Engländern von Shenyang und der Küste nach Peking erbauten Schienenstrecke. Hier kam im Februar 1919 Sir Reginald Flemming Johnston mit dem Zug an, Lehrer des letzten chinesischen Kaisers Puyi. Westlich davon gab es übrigens einen weiteren, 1898-1906 von Belgiern erbauten kleinen Bahnhof der Peking-Hankou-Eisenbahn, der aber nicht lange bestand. In

Peking selbst wurde der Verkehr kurz um die Jahrhundertwende noch fast ausschließlich mit Muskelkraft abgewickelt. 20 Prozent der männlichen Erwerbstätigkeiten sollen damals als Rickschazieher tätig gewesen sein (Fahrräder gab es in Peking noch kaum). Für den Bau der Bahnstrecke ins Herz der Hauptstadt hatten die Engländer unsensibel die Stadtmauern Pekings durchbrochen. Dies wurde von den Chinesen als Demütigung empfunden und bald nach der Revolution wurde der Bahnhof stillgelegt und weiter im Osten, außerhalb der ehemaligen Stadtmauer ein neuer Bahnhof (der heute schlicht Peking Bahnhof heißt) in chinesischem Stil erbaut. Im alten Bahnhof finden sich heute Geschäfte und Restaurants, im Obergeschoß ein Theater.

Bahnhof Peking (Beijing Zhan)

Den europäischen Beitrag zu Pekings Bahnhofsgeschichte ignorierend wird der in den 1950er Jahren in Rekordzeit errichtete Bahnhof Pekings (Beijing Zhan) auf chinesischen Webseiten oft als erster Bahnhof der Stadt bezeichnet. Anders als der europäisch aussehende Bahnhof am Tiananmen-Platz verknüpft diese Station 50er-Jahre Architektur explizit mit traditionellen chinesischen Stilelementen. Die Schriftzeichen auf dem Dach des Bahnhofs sollen in der Handschrift Maos ausgeführt worden sein, die beiden Türmchen dagegen eine Idee des Premierministers Zhou Enlai gewesen sein.

Der Nordbahnhof

Pekings Nordbahnhof, welcher früher Xizhimen Bahnhof hieß, ist der älteste noch genutzte Bahnhof der Stadt. An der Stelle des Bahnhofs war einst in der Stadtmauer ein Durchgang für das aus den Bergen kommende Trinkwasser. Das heutige Empfangsgebäude ist in schlichter moderner Architektur gehalten, wird aber von spektakulären Bürogebäuden gesäumt. Der Bahnhof ist über einen U-Bahnringlinie mit dem Bahnhof Peking verbunden. 1909 war der Bahnhof Ausgangspunkt der ersten von den Chinesen selbst erbauten Eisenbahnstrecke, der Zhangjiakou Eisenbahn. 1915 wurde der Nordbahnhof durch eine Ringbahn mit dem Qianmen-Bahnhof verbunden. Heute nutzt eine U-Bahn Teile der Trasse dieser Ringlinie.

Pekings Südbahnhof und der Trilobit (Beijing Nan)

Der neue Südbahnhof Pekings, nach umbautem Volumen größter Bahnhof Asiens, wurde am 1. August 2008 eröffnet, kurz vor dem Start der Olympische Spiele. 60 000 Tonnen Stahl wurden verbaut, das ovale Bahnhofsdach, ist zwecks Stromerzeugung mit Solarzellen bestückt. Die Form des Bahnhofsgebäudes wurde bereits mit einem Ufo oder einem Trilobiten verglichen. Vom Südbahnhof aus fahren Züge nach Shanghai und in die Hafenstadt Tianjin. Für die 150 Schienen-km in die Nachbarstadt benötigen die auf der Technik des deutschen ICE basierenden Züge bei einer Höchstgeschwindigkeit von 350 km/h lediglich eine halbe Stunde.

Pekings Westbahnhof (Beijing Xi)

Weniger solide gebaut ist der imposante, 1996 nach drei Jahren Bauzeit eröffnete Westbahnhof Pekings, der über 700 Millionen Dollar gekostet hatte. Korruption soll im Spiel gewesen sein, schon bei der Eröffnung regnete es durch das Dach. Weil er auf morastigem Untergrund steht, begann er anfangs zudem einzusinken. Im Jahre 2000 wurden die Mängel behoben und die Kapazität nochmals ausgebaut. Seit 2006 fahren vom Westbahnhof Züge in die tibetische Hauptstadt Lhasa ab.

Bahnhöfe im Umland von Peking und im Norden Chinas

Die Bronzestatue im Bahnhof von Zhangjiakou

Am modernen Südbahnhof der 196 km nordwestlich von Peking gelegenen Millionenstadt Zhangjiakou steht eine Bronzestatue eines Ingenieurs. Dabei handelt es sich um Zhan Tianyou, dem ‚Vater der chinesischen Eisenbahn' (1861-1919). Zhan war bereits als Kind so begabt, dass er mit 12 zur Ausbildung in die USA gehen durfte und mit 17 ein Studium an der Yale Universität beginnen konnte. Mit 20 machte er seinen Abschluss und kehrte nach China zurück. Als man im Jahre 1905 der Bau der Peking-Zhangjiakou Eisenbahn (später Teil der Transsibirischen Eisenbahn) in Angriff nahm, wurde Zhan zum leitenden Ingenieur ernannt. Die Bahnlinie wurde 1909 eröffnet und war die erste, welche die Chinesen in Eigenregie gebaut hatten. Noch heute lesen chinesische Grundschüler von dieser Leistung des chinesischen Eisenbahnpioniers.

Qinglongqiao

Arbeitsüberlastung trug 1919 zum relativ frühen Tod des chinesischen Eisenbahnpioniers Zhan Tianyou (auch Yeme Tien Yow genannt) bei. Zhan wurde im Bahnhof von Qinglongqiao begraben. Dieser liegt 88 km westlich von Peking an der Stelle, wo die Transsibirischen Eisenbahn die chinesische Mauer durchbricht. Der Bahnhof von Qinglongqiao ist in seiner ursprünglichen Form erhalten und gilt als ‚lebendes Fossil der chinesischen Eisenbahn'. Um dem Originalzustand gerecht zu werden, wurde im Jahr 2005 bei der Renovierung des Bahnhofs, ein eigener Warteraum für Frauen, den es ursprünglich gab, wieder eingerichtet und als solcher gekennzeichnet. Wenn man mit dem Zug durch den Bahnhof fährt, kann man unweit der Gleise die Bronzestatue Zhans und sein Grabmal in Form eines Bahnhofsportals sehen.

Die Auseinandersetzung im Bahnhof von Mukden

Im Russisch-Japanischen Krieg (1904-05) kam es im Jahr 1905 zu einer Schlacht in der Mandschurei bei Mukden (dem heutigen Shenyang), in welcher 276 000 russische Soldaten 270 000 Japanern gegenüberstanden. Die Japaner gewannen die Schlacht und im Bahnhof von Mukden kam es anschließend zu einem Streit zwischen den russischen Generälen Rennenkampf und Samsonov, weil Rennenkampf angeblich zu wenig Unterstützung geleistet hatte.
Diese Auseinandersetzung scheinen die beiden noch 9 Jahre später nicht vergessen zu haben, denn bei der Schlacht von Tannenberg im Ersten Weltkrieg klappte die Zusammenarbeit zwischen den beiden russischen Generälen wieder nicht, so dass die deutschen Truppen die Schlacht gewannen.

Shenyangs Sonnenvogel

Im Jahre 1978 wurde in Shenyang eine 7200 Jahre alte Holzskulptur eines Vogels ausgegraben, welcher eine Sonne in den Schwingen trägt. Dieser Sonnenvogel wurde seither zum Symbol Shenyangs. Eine Statue des Sonnenvogels steht auch vor dem Bahnhof der Stadt.

Shenyangs Bahnhofskopie

Die Architektur des Bahnhofs von Tokio soll den Hauptbahnhof von Amsterdam zum Vorbild gehabt haben. Noch deutlicher lehnt sich ein Hotelbau im Holland-Park bei Nagasaki an diese Architekturvorbild an. Die genaueste Kopie des Amsterdamer Hauptbahnhofs befindet sich jedoch in Shenyang, wo dieser 1:1 nachgebaut wurde. Allerdings dient er dort nicht als Bahnhof sondern als Restaurant im Wohnviertel *Holland Village*, welches als Holland-Themenpark aufgezogen und vom holländisch-chinesischen Unternehmer Yang Bin um das Jahr 2000 errichtet wurde. Seit dieser im Jahr 2003 wegen Betrugs verhaftet wurde, stagniert *Holland Village* allerdings und beginnt teilweise sogar langsam zu verfallen.

Der ‚deutsche' Bahnhof von Qingdao

Die Stadt Qingdao, den Deutschen als Tsingtao bekannt, war von 1897 bis 1914 Hauptstadt eines deutschen ‚Schutzgebietes' am ostchinesischen Meer. In den Jahren 1900-1901 wurde ein Bahnhof erbaut, der mit seinem Uhrturm und seiner kleinen Bahnhofshalle einer Kirche ähnelte. Von hier aus konnte man Anfang des 20. Jahrhunderts sogar eine Bahnreise nach Berlin antreten. Die Züge benötigten dafür 14 Tage und im Zug gab es deutsches Bier und Schnitzel. Die Deutschen bauten 1903 auch eine Brauerei in Tsingtao (heute Qingdao geschrieben) und aus dieser Germania-Brauerei wurde später der größte Bierhersteller Chinas (Biermarke *Tsingtao*). Tsingtao ist noch heute Marktführer in China und das Bier wird in 50 Länder exportiert, darunter auch Deutschland.

Im Laufe der Jahrzehnte wuchs das einst beschauliche Qingdao zu einer Millionenstadt und der kleine im deutschen Stil erbaute Bahnhof wurde bald durch Neubauten ergänzt, so dass sich ein unkohärentes Architekturensemble ergab. Im Jahre 1990 wollte man das aus deutscher Kolonialzeit stammende Empfangsgebäude sogar abreißen und als sich die Bevölkerung dagegen wehrte, entstand daraus die erste Bürgerinitiative Chinas.

Als die olympischen Spiele nach China kamen und auch Qingdao als Austragungsort von Wettbewerben vorgesehen wurde, wagte man den großen Wurf, um Besuchern ein repräsentatives Entree in die Stadt zu bieten. Mit Ausnahme des historischen Empfangsgebäudes wurden im Januar 2007 sämtliche Bahnhofsbauten platt gemacht, einschließlich eines 73 Meter hohen Wolkenkratzers am Bahnhofsplatz, die Gleise rausgerissen und tiefergelegt und die Bahnhofsgebäude im historischen Stil in Sandstein, passend zum alten Empfangsgebäude neu errichtet.

❖ Xian Nordbahnhof

Xian war einst Hauptstadt und größte Stadt Chinas. Noch heute ist Xian ein wichtiger Verkehrsknoten. Der 2011 eröffnete Hochgeschwindigkeitsbahnhof Xian Nord ist mit 34 Gleisen einer der größten Bahnhöfe Nordwestchinas. Hier schneiden sich mehrere der Hochgeschwindigkeitslinien, die bereits existieren oder noch im Bau sind.

❖ Zhengzhou East

Die 10-Millionenstadt Zhengzhou ist ein wichtiger Verkehrsknoten im Norden Chinas. Der im Jahre 2012 eröffnete Bahnhof von Zhengzhou East ist mit 32 Gleisen der zweitgrößte Bahnhof Chinas.

Bahnhöfe in den übrigen Landesteilen

Shaoshans ‚Großer Führer'

Mao Zedong (Mao Tsetung, 1893-1976) wurde als ältester Sohn einer Bauernfamilie im Dorf Shaoshan in der Provinz Hunan geboren. Ab 1949 war Mao Vorsitzender der Kommunistischen Partei Chinas. Wegen des wachsenden Besucherstroms in seinen Heimatort wurde im Jahr 1967 eine Bahnlinie von der Provinzmetropole Changchun nach Shaoshan eröffnet. An der Bahnhofsfassade von Shaoshan hängt seither ein Portrait Maos.

Im Bahnhof wurden zudem folgende Worte auf die Wand gemalt: „*Mao war ein großer Marxist, ein großer proletarischer Revolutionär, ein großer Taktiker und Theoretiker*". Mao starb im September 1976 und eine Gedenkbriefmarke aus diesem Jahr zeigt auch den Bahnhof von Shaoshan. Unter Maos Nachfolger Deng Xiaoping setzte eine wirtschaftliche Liberalisierung ein und Maos Ideologie war nun weniger gelitten. Die Zahl der Besucher in Shaoshan, in den 1970er Jahren noch 3 Millionen pro Jahr, ging deutlich zurück und der Zugverkehr von Changchun nach Shaoshan wurde stark reduziert.

Wuhan und die Sinuskurve

Der neue Bahnhof von Wuhan hat ein beeindruckendes geschwungenes Dach. Dies soll einerseits von den Flügeln des gelben Kranichs inspiriert sein, dem Symboltier Wuhans. Andererseits spiegelt das Dach mathematische Gleichungen wider, die zentrale Kuppel hat die Form einer Sinuskurve. Der vom Pariser Büro AREP entworfene Bahnhof wurde im Jahr 2010 fertig gestellt und seither hat die Bedeutung Wuhans als Knotenpunkt im Hochgeschwindigkeitsnetz weiter zugenommen.

❖ **Wuhan Hankou**

Der Hankou-Bahnhof gehört zu den Stationen Wuhans mit dem höchsten Fahrgastaufkommen. Er hat eine Kapazität von 170 000 Fahrgästen. Ab dem 23. Januar 2020 sah der Bahnhof jedoch wegen des Corona-bedingten Lockdowns für 76 Tage gar keine Fahrgäste mehr. Die Stadt galt in dieser Zeit weltweit als Ausgangspunkt und Epizentrum der Covid-19 Pandemie. Mittlerweile hat der Bahnhof seine Geschäftigkeit wieder gewonnen.

❖ **Shanghai Hongqiao**

Shanghai Hongqiao ist einer der vier wichtigen Bahnhöfe der größten chinesischen Stadt und mit einer Fläche von über 1.3 Millionen m^2 der größte Bahnhof Asiens. Er wurde im Jahr 2010 fertig gestellt, sein Bau kostete 2.3 Milliarden $, er verfügt über 4 Ebenen und 30 Gleise. Das Passagieraufkommen des bahnhofs beträgt über 200 000 Fahrgäste pro Tag. Aber der Bahnhof sorgt für weitere Rekorde. Auf seinem Dach findet sich eine der größten gebäudebezogenen Photovoltaikanlagen weltweit.

Shanghai-Südbahnhof

Der im Jahre 2006 eröffnete Südbahnhof von Shanghai galt als einziger runder Großbahnhof (bis Peking Süd eröffnet wurde). Ein rundes Dach mit 278 Metern Durchmesser, dessen Stahltragegerüst von weißen Kunststoff-Wetterschutzpanelen überzogen ist, überspannt die Abfahrtshalle. Trotz der technischen Fortschritte des Landes musste der dafür nötige Spezialkunststoff Lexan aus Italien, der Heimat des Chinareisenden Marco Polo, importiert werden.

❖ **Suzhou und Fan Zhongyan**

Am Bahnhof der am Jinji-See unweit von Shanghai gelegenen Stadt Suzhou steht eine Statue des Dichters und Politikers Fan Zhongyan (989-1052). Er stamnte aus Suzhou, war Premierminister von China und wird heute von den Chiensen als Heiliger verehrt.

❖ **Kunming und der goldene Stier**

Am Bahnhofsvorplatz von Kunming, der Hauptstadt vonn Yunnan, ist ein goldener Stier aufgestellt, der vom Bahnhof wegstürmt. Am 1. März 2014 stürmte eine Gruppe von Männern und Frauen mit langen Messern, nach offiziellen Angaben Separatisten aus der Provinz Xinjiang, am Stier vorbei in die Bahnhofshalle und töteten 31 Menschen und verletzten weitere 143. Vier der Angreifer wurden von der Polizei erschossen. Nach dem Anschlag wurde Blumen und Kerzen am goldenen Stier am Bahnhofsvorplatz platziert.

Nanchangs ‚Blauer Planet'

Um die Renovierung der Westseite des Bahnhofsplatzes von Nanchang zu feiern, wurde dort ein großer illuminierter Globus installiert. Wie oft in Europa ist die Illumination in blau gehalten, um Junkies abzuschrecken (die dadurch ihre Adern kaum finden können). Die Farbe Blau passt aber auch zum blauen Planeten, dessen Oberfläche zu mehr als 70% von Ozeanen bedeckt ist.

Der Bahnhof von Lhasa und die Tibetstrecke

Wie schwierig der Transport von Peking nach Tibet einst war, zeigt die Tatsache, dass noch 1951 40 000 Kamele für den Gütertransport zum ‚Dach der Welt' eingesetzt wurden. Jeder Kilometer kostete 12 Kamelen das Leben. Im Juli 2006 wurde die neue Bahnverbindung nach Tibet eröffnet. Eine Pionierleistung angesichts der schwierigen Bodenverhältnisse - ein großer Teil der Schienen mussten auf Permafrostboden verlegt werden, der im Sommer an der Oberfläche taut. Wegen der großen Höhe über dem Meer werden druckdichte Eisenbahnwaggons eingesetzt, ihre Luft wird speziell mit Sauerstoff angereichert. Unter den Sitzen gibt es zudem Schläuche, die die Passagiere mit Sauerstoff versorgen. Wegen der intensiven Sonnenstrahlung sind die Fenster zusätzlich mit UV-Filtern ausgestattet. Trotzdem müssen die Passagiere eine Gesundheitserklärung unterschreiben, bevor sie in den Zug einsteigen dürfen. Im Herbst 2006 starben bereits zwei Passagiere, darunter ein Rentner, der Herzprobleme hatte und eine Frau, die ihr Kind auf der Toilette zur Welt brachte. Der neue in tibetischem Stil gehaltene Bahnhof von Lhasa ist mit seinen 4 Gleisen für den schwachen

Verkehr fast überdimensioniert - nur 8 Züge fahren von ihm pro Tag ab, darunter ein Direktzug nach Peking.

Tanggula- die höchstgelegene Station der Welt

Seit dem Bau der Tibetstrecke hat China mit der 5068 m über dem Meeresspiegel gelegenen Tanggula Station den höchstgelegenen Bahnhof der Welt. Wegen des rauen Klimas und der geringen Besiedelung der Gegend ist dieser Bahnhof unbemannt und wird von Satelliten und einem benachbarten Bahnhof gesteuert. Die Architektur des Bahnhofs nimmt auf die Form und Farbe der schneebedeckten Gipfel der Region Bezug.

Hong Kong

Kowloon KCR Station

Als in Hongkong 1974 ein neuer Endbahnhof der Kowloon-Canton Railway (KCR) auf aufgeschüttetem Land errichtet wurde, sollte das alte Empfangsgebäude, ein 1910 errichteter säulengekränzter roter Ziegelbau, abgerissen werden, um Platz für ein neues Kulturzentrum zu schaffen. Doch eine Kowlooner Bürgerinitiative wollte den Verlust nicht hinnehmen und erreichte, dass der Denkmalverein beim Gouverneur der Kolonie eine Petition einreichte. Als das nicht half, sandte der Denkmalverein 1978 sogar 15 000 Unterschriften an die Queen, mit der Hoffnung auf eine Intervention des Königshauses. Doch die Bagger rückten trotzdem an, vom ehemaligen Bahnhof blieb nur der Uhrturm erhalten.

3.4 Taiwan

Hsinchu – der ʻdeutscheʼ Bahnhof in Taiwan

Mit der Eröffnung der Nord-Süd-Hochgeschwindigkeitsstrecke hat Taiwan etliche moderne Bahnstationen bekommen. Was die alten Bahnhöfe betrifft, sticht das Empfangsgebäude der im Norden der Insel gelegenen Stadt Hsinchu hervor. Dieses wurde vom japanischen Architekten Matsuzaki 1913 erbaut und ist heute das älteste erhaltene Empfangsgebäude des Landes. Die Japaner, damals Kolonialherren der Insel, hatten nach dem gewonnenen japanisch-russischen Krieg begonnen, Ostasien zu dominieren. Japan war selbst erst vor wenigen Jahrzehnten aus einem Dornröschenschlaf erwacht und versuchte, rasch an den in Europa erreichten Stand von Wissenschaft und Technik aufzuschließen. Damals war Deutschland in der Naturwissenschaft und Technik führend und deshalb studierten etliche Japaner im Land der Dichter und Denker. Darunter auch Matsuzaki, der den Bahnhof in deutschem Stil mit neobarocken Formelementen entwarf. Welcher Bahnhof Vorbild war, ist nicht ganz klar, aber man meint, Anklänge an den alten Bahnhof von Heidelberg zu erkennen. Noch heute gilt Hsinchus Bahnhof als Sehenswürdigkeit der Stadt.

Der Roboter im Hauptbahnhof von Taipeh

Der Hauptbahnhof von Taipeh ist ein eher grobschlächtiger Bau aus dem Jahre 1940, doch sein Innenleben ist nicht uninteressant. Gegenüber den Fahrkartenschaltern befindet sich die Metallskulptur eines Roboterkriegers. Diese wurde von Personal des Flughafens von Taipei aus Diesel und Elektromotorteilen gebastelt und dem Bahnhof geschenkt. In der Fahrkartenhalle finden sich zudem Vitrinen mit einer Kunstausstellung und ein Bahnladen mit Eisenbahnsouvenirs aus ganz Taiwan. Ob dieses Innenleben zu einem guten Feng shui des Bahnhofs beiträgt ist nicht bekannt. Auf jeden Fall war man nach einer Serie von Entgleisungen, Zugverspätungen und Selbstmorden im Sommer 2005 so besorgt, dass Zenmeister Hun Yuan zu Rate gezogen wurde. Dieser diagnostizierte, der Haupteingang des Bahnhofs sei einem weißen Tigerdämon ausgesetzt. Um den Dämon keinen Zugang zu bieten, wurde die Haupttür des Eingangs um 6 Meter nach hinten versetzt. Zwischen dem Portal und dieser Tür wurde eine Glaspassage eingerichtet, so dass Fahrgäste jetzt zwei Türen durchschreiten müssen. Ob's geholfen hat, ist nicht bekannt.

Shengsing

Auch in der Architektur des 1907 erbauten Bahnhofs von Shengsing, dem höchstgelegenen des Hauptbahnnetzes der Insel (402 m, ein entsprechendes Monument am Bahnhof weist darauf hin), sollen sich der Legende nach Feng shui-Prinzipien widerspiegeln. Denn der Bahnhof befindet sich im Guangdao-Gebirge und ist von 9 Berggipfeln umgeben, die jeweils die Form eines Tigerkopfes haben. Der Bahnhof saß damit in einem Tigernest und sein Dach wurde in einer Form gebaut, die böse Geister abwehren sollte. Die bösen Geister der Bahnhofsstilllegung konnte dies leider nicht abwehren, denn der letzte Personenzug hielt hier am 23. September 1998.

Kaohisungs mobiler Bahnhbof

Wenn ein Zug anfährt, hat man manchmal die Illusion, der Bahnhof würde sich bewegen. Das 1941 erbaute im japanischen Imperial Crown Style gehaltene Empfangsgebäude des Bahnhofs der südtaiwanesischen Hafenstadt Kaohsiung war im Jahr 2002 jedoch tatsächlich mobil. Um den Bahnhof zu einem Verknüpfungspunkt Hochgeschwindigkeitsverkehr-normaler Fernverkehr-Nahverkehr ausbauen zu können, wurde es über einen Zeitraum von 14 Tagen um 82.6 m versetzt, der Bahnhof bewegte sich mit einer Geschwindigkeit von 60 cm/Stunde. Das Empfangsgebäude wurde so zum provisorischen Eingangsportal des Gallery of Vision Museums. Nach Ende der Umbaumaßnahmen im Jahr 2016 soll das Gebäude wieder zurückversetzt und zum Portal des neuen Bahnhofskomplexes werden.

Der älteste Bahnhof Kaohsiungs war übrigens der Bahnhof am Hafen, heute Kaohsiung Harbour Station genannt. Als der neue zweistöckige Hauptbahnhof im Jahre 1941 errichtet wurde, war er in der damals noch flachen Stadt noch von weithin sichtbar. Mittlerweile ist Kaohsiung jedoch zu einer Millionenstadt mit zahlreichen Hochhäusern geworden.

Fenchihu

Um 1912 wurde von der japanischen Kolonialregierung für den Transport von Baumstämmen eine schmalspurige Waldeisenbahn von Chiayi in der Küstenebene zur Bergregion Alishan hinauf gebaut. Diese 762 mm Schmalspurbahn ist eine Adhäsionsbahn, kommt also ohne Zahnräder und Standseile aus. Auf 86 km werden über 2000 m Höhenunterschied überwunden. Als in den 1980er Jahren direkte Straßenverbindungen gebaut wurden, und die Bahn an Bedeutung verlor, fiel der an der Bahn liegende aber straßenmäßig schlecht erreichbare Ort Fenchihu in eine Art Dornröschenschlaf. Heute wird er mit seinem im Originalzustand erhaltenen Bahnhof mit antiquierten Fahrkartenschalter von Touristen und Bahnfans wiederentdeckt.

Ausgangspunkt der Fahrt ist oft der Tieflandort Chayi, in welchem die Schmalspurgleise der Bergbahn beginnen.

Guanshan

Taiwan war einst japanische Kolonie und die ersten Bahnstrecken und Bahnhöfe der Insel wurden durch die Japaner errichtet. Durch Erdbeben und die Verlegung von Bahnstrecken ist jedoch nicht mehr allzu viel vom japanischen Architekturerbe übrig. Guanshan hat den letzten Bahnhof an der Ostküstenstrecke, welcher in nordjapanischem Dorfstil erhaltenen ist. Züge halten an diesem Bahnhof jedoch nicht mehr, sondern an einem neuen relativ grobschlächtigen Betonbau.
Durch eine Fahrradrundstrecke um den Ort ist Guanshan in Taiwan in den letzten Jahren zu einer beliebten Stadt für Fahrradtouristen geworden.

Touchengs Bahnhofsplatz

Der Bahnhofsplatz von Toucheng ist übermöbliert, was Kunst am Bau und Denkmäler betrifft. Im Pflaster vor dem Bahnhof ist zum einen eine Landkarte der Region, die die sieben Bahnhöfe Touchengs zeigt, eingelassen. Im kleinen Park vor dem Bahnhof findet sich neben einem Fischteich ein Denkmal, das an die Jahrtausendwende erinnert. Aus Schienen wurde am Bahnhof zudem eine von einem Stern gekrönte Plastik fabriziert, aus welcher Wasser fließt. Zudem erinnert ein großer Gedenkstein an die erste Plantage und die erste Siedlung, welche in der Gegend angelegt wurde. Trotz der vielen Kunst am Bau ist das Empfangsgebäude selbst allerdings ein recht schlichtes Betongebäude.

3.5 Mongolei

Ulan Bator - der rote Held

Die Mongolei war nach Russland das zweite Land der Welt, das kommunistisch wurde und ohne Russland wäre die Mongolei heute noch Teil Chinas. Die Hauptstadt des Landes heißt immer noch `Roter Held´ (Ulan Bator) und die Schriftzeichen auf dem Bahnhof der Stadt, durch den die transmongolische Eisenbahn (in russischer Breitspur, also 1520 mm) verläuft, sind kyrillisch, jedoch nicht etwa chinesisch, aber auch, Zeichen der neuen Zeit, lateinisch.
Die Eisenbahn kam erst spät ins Land, der Bau der Transmongolischen Eisenbahn, als Verbindungsstrecke der Transsib mit China, begann erst 1947 und Ulan Bator hat erst seit 1950 Schienenanschluss (in 1520 mm Breitspur).

Choir und der Kosmonaut

Die mongolische Kleinstadt Choir an der Transmongolischen Eisenbahn hat einen hübschen kleinen, aber wenig belebten Bahnhof. Der Bahnhofsname ist wie in der Mongolei üblich in kyrillischen Schriftzeichen angegeben. Am Bahnhofsplatz findet sich eine Statue für den ersten mongolischen Kosmonauten, Jügderdemidiin Gürragchaa, der 1981 mit einem sowjetischen Kosmonauten von Baikonur aus ins Weltall flog. Obwohl Gürragchaa nicht aus dem Ort kam, hatte man ihm in Chojr ein Denkmal gesetzt, weil es dort einen russischen Luftwaffenstützpunkt gab.

Zamyn Üüd

Fast eine Million Personen passieren jedes Jahr Zamyn Üüd, den schönen mongolischen Grenzbahnhof zu China. Dieser wurde 1995 mit japanischer Hilfe errichtet. Seine Türmchenarchitektur erinnert jedoch eher an Disneyland, als an traditionelle mongolische Architektur.

4. Südostasien

4.1 Thailand

Bangkok Hua Lampong

Der Hauptbahnhof der thailändischen Hauptstadt wurde 1910-1916 erbaut. Architekten des im italienischen Neorenaissancestil gehaltenen Empfangsgebäudes waren die Italiener Tamagno und Rigotti. Auch die Deutschen hatten damals großen Einfluss auf die Entwicklung des Eisenbahnwesens Thailands, so waren etwa die Lokomotiven *Made in Germany*. So meinen manche, auch deutsche Architektureinflüsse im Empfangsgebäude erkennen zu können. Ein klein wenig ähnelt Hua Lampong dem ehemaligen Berliner Anhalter Bahnhof, allerdings ohne dessen Erdgeschoß. Vorbild war jedoch, vor allem was die Bahnhofshalle betrifft, die ehemalige Central Station von Manchester, heute eine Ausstellungshalle.

Thonburi Station

Der am Westufer des Chao Phraya-Flusses gelegene Thonburi Bahnhof in Bangkok, auch unter dem Namen Bangkok Noi bekannt, konnte lange Zeit von der Innenstadt nur auf dem Wasserweg erreicht werden. Im Mai 2009 wurde jedoch eine Hochbahnstrecke in diesen Stadtteil eröffnet. Das 1900 vom deutschen Architekten Karl Siegfried Döring erbaute erste Bahnhofsgebäude wurde im Zweiten Weltkrieg durch einen Bombenangriff der Alliierten zerstört, da es von den Japanern als Militärbasis genutzt wurde. Nach dem Krieg wurde es im Originalstil wieder aufgebaut. In Jackie Chans Kinofilm *In 80 Tagen um die Welt* ist die Thonburi Station als Bahnhof von Agra zu sehen. 2003 wurde der Bahnhof jedoch um 800 Meter verlegt und das alte Empfangsgebäude stillgelegt und an das angrenzende wachsende Sirirat-Krankenhaus verkauft. Bangkok ist ein expandierendes Medizinzentrum mit Krankenhäusern, die immer mehr zahlungskräftige ausländische Gäste betreuen.

Der ‚deutsche' Bahnhof von Phitsanoluk

Phitsanoluk in Nordthailand hat überraschenderweise einen Bahnhof, welcher an deutsche Fachwerkbauten erinnert. Kein Wunder, denn der Bahnhof wurde 1912 vom Kölner Architekten Karl Siegfried Döring (1879-1941) erbaut, der auch die Thonburi Station in Bangkok entworfen hatte. Allerdings ist die einstige Fachwerkarchitektur nur noch in vereinfachter Form erhalten.

Hua Hin und die Top 9

Im Januar 2009 präsentierte das amerikanische Nachrichtenmagazin Newsweek eine List der 9 besten Bahnhöfe weltweit. Nur ein einziger Bahnhof in Ost- und Südostasien war auf der Liste: die kleine Station von Hua Hin in Thailand. Hua Hin, 185 km km südlich von Bangkok gelegen, ist das älteste Seebad Thailands. Der Aufschwung begann 1921 mit dem Bau der Eisenbahnstrecke von Bangkok nach Singapur. 1926 richtete die königliche Familie in Hua Hin eine Sommerresidenz ein.
Um der königlichen Familien ein standesgemäßes Entree zu bieten, wurde ein Pavillon des Sanam Chan Palastes von Nakhon Pathon zum Bahnhof transportiert und 1968 als königlicher Pavillon eingerichtet. Dort steht er noch heute, Könige kommen hier jedoch nicht mehr an.

River Kwai Bridge Station

Die Brücke am Kwai war ein Spielfilm aus dem Jahr 1957, der den gleichnamigen Roman von Pierre Boulle zur Grundlage hatte. Im Film werden britische Inhaftierte eines japanischen Kriegsgefangenenlagers gezwungen, eine Eisenbahnbrücke über den Kwai-Fluss zu bauen.

Im Zweiten Weltkrieg versuchten die Japaner, tatsächlich, das von ihnen besetzte Thailand mit dem neu eroberten Birma über eine Schienenstrecke zu verbinden. Für den Bau wurden asiatische und Alliierte Kriegsgefangene eingesetzt und weil viele durch Tropenkrankheiten und durch die Strapazen starben, wurde die Bahnlinie auch als Todeseisenbahn (Death Railway) bekannt. In Kanchanaburi am Kwai Fluss gibt es einen großen Soldatenfriedhof, der an die Toten erinnert. Die River Kwai Bridge Station bietet direkten Zugang zur berühmten Brücke.

Pattaya

Der etwa 100 km südlich von Bangkok gelegene Badeort Pattaya wird wegen tausender deutscher Ruheständler, die hier den Winter oder auch das ganze Jahr verbringen, auch als 18. Bundesland bezeichnet (denn Mallorca gilt bereits als 17. Bundesland). Im März 2009 berichtete der Spiegel-Reporter Alexander Osang vom Leben deutscher Rentner in Pattaya. Einer der Männer erzählt im Artikel, wie er seine wesentlich jüngere Freundin im Bahnhof Pattaya getroffen und sich in sie verliebt hatte. Pattaya hat einen kleinen Bahnhof, von welchem aus nur einmal am Tag ein Zug nach Bangkok fährt. Die eingleisige Strecke auf welcher täglich 20 Güterzüge unterwegs sind, erlaubt keinen dichten Personenverkehr, hätte aber angesichts der Urlauberzahlen mehr Potential als die 50-60 Fahrgäste, die im einzigen Zug pro Tag nach Bangkok fahren. Bangkoks Flughafen hat mittlerweile Schienenanschluss und wenn Touristen von dort mit höchstens einmaligem Umsteigen nach Pattaya fahren könnten, würden sicher viele Urlauber von einem solchen Angebot Gebrauch machen. Beim heutigen dünnen Fahrplan und der langen Reisezeit von 4 Stunden bleibt den Touristen jedoch nichts anderes übrig, als mit Bussen und Taxis nach Pattaya zu reisen.

4.2 Burma

Ranguns Feenbahnhof

Der von den Briten im Jahre 1877 im viktorianischen Stil erbaute Hauptbahnhof von Rangun wirkte mit seinen vorgelagerten Rasenflächen auf die Einwohner der Stadt so idyllisch, dass sie ihn `Feenbahnhof´ nannten. Im 2. Weltkrieg wurde der Bahnhof jedoch durch japanische Bomben und die sich nach Indien zurückziehenden Briten zerstört. Der 1954 eröffnete neue Bahnhof setzte wieder auf Tradition und wurde in traditionellem burmesischer Architekturstil gehalten. Er weist 4 Türme auf und steht mittlerweile unter Denkmalschutz.

Mandalay Central Station

Mandalay ist ein Zentrum der burmesischen Kultur und der wichtigste Bahnknoten des Landes. Während des Zweiten Weltkrieg wuchs sogar Mandalays Bedeutung als Eisenbahnknoten, da der Süden des Landes durch die Japaner besetzt war. In Mandalay endet heute die aus Rangun kommende Hauptbahnlinie und von hier zweigen Nebenstrecken ab. Die Stadt verfügt über einen modernen Bahnhof mit achtstöckigem Bahnhofsgebäude. Die Stockwerkszahl scheint kein Zufall, denn in den 1980er Jahren sind viele Südchinesen zugewandert, um hier Geschäfte zu machen und für diese ist 8 eine Glückszahl.

Pyinmana

Im November 2005 wurde die Hauptstadtfunktion Burmas von Rangun nach Pyinmana verlagert, genauer gesagt in ein 3 km von Pyinmana gelegenes Areal, das heute Naypyida genannt wird. Damit kam Pyinmana zu einem Hauptstadtbahnhof, und dieser in die Medien, denn dort soll im Mai 2009 angeblich eine Bombe explodiert sein.

4.3 Vietnam

Da Lats französischer Bahnhof

Im Jahr 1912 gründeten die französischen Kolonialherren Vietnams den auf 1500 Meter Höhe gelegenen und damit angenehm temperierten Kurort Da Lat. Der Ort ist von französischer Kolonialarchitektur geprägt und besitzt sogar einen kleinen Eiffelturm. Dies verhalf Da Lat zum Beinamen *Klein-Paris*. Das 1932 eröffnete Empfangsgebäude des Bahnhofs soll eine Kopie des Bahnhofs des französischen Badeortes Deauville sein. Einst verbanden täglich drei mit Zahnrädern ausgestattete Züge die Station mit dem Tiefland, man konnte aus Saigon durchgehend auf Schienen anreisen. Doch im Indochinakrieg wurde die Bahnlinie vom Vietcong zerstört. Seit Ende der 90er Jahre jedoch ist die Zahnradverbindung zwischen Dalat und dem 8 km entfernten Ort Tari Mat wieder in Betrieb.

Ho Chi Minh-Stadt und Saigons Bahnhof

Saigon, bis 1975 Hauptstadt der Republik Vietnam, wurde nach der Vereinigung mit Nordvietnam nach dem Revolutionär und Politiker (1890-1969) offiziell in Ho Chi Minh-Stadt umbenannt. Doch im Ausland, aber auch in Vietnam, wird die Stadt oft noch Saigon genannt. Und auch an der Fassade des Bahnhofs der Stadt stehen die Lettern *Ga Sai Gon* (*Ga* ist das vietnamesische Wort für Bahnhof, es leitet sich vom französischen *gare* ab).

Hué

Die zentral in der Mitte Vietnams gelegene Stadt Hué war von 1802 bis 1945 Hauptstadt des Landes. Die Kolonialherren ließen hier einen Bahnhof errichten, der so französisch wirkt, dass er auch in einem Pariser Vorort stehen könnte. Mit seiner rot gestrichenen Fassade zählt er heute zu den schönsten Bahnhöfen des Landes.

4.4 Kambodscha und Laos

Pnomh Penh

Der 1932 von den französischen Kolonialherren im Art Deco Stil errichtete Hauptbahnhof von Pnomh Penh macht mit seiner cremegelben Fassade einen friedfertigen Eindruck. Dennoch ist er mit der traumatischen neueren Geschichte des Landes verbunden. Denn 1960 kam es auf dem Bahnhofsgelände zu einem heimlichen Kongress der revolutionären Volkspartei KPRP mit Pol Pot. 1975 nahmen Pol Pots Rote Khmer Pnomh Penh ein und begannen eine vierjährige Schreckensherrschaft, die über eine Million Kambodschaner das Leben kostete. 1979 wurden die Roten Khmer von den Vietnamesen vertrieben. Vom Bahnhof aus flohen sie mit dem Zug aus der Stadt - Pol Pot selbst nahm jedoch einen Hubschrauber.

Battambangs Bambuszüge

Pnomh Penhs Bahnhof sieht heute wenig Schienenverkehr - einen Zug pro Woche ins 290 km entfernte Battambang, mit seinem Art Deco-Bahnhof. Dort ist jedoch mehr los, denn im Raum Battambang gibt es so genannte *bamboo trains*. Das sind von der Bevölkerung selbst gebastelte leichte Schienenfahrzeuge, die aus einer Bambusplattform, einem Motor und zwei Achsen bestehen und mit denen ein informeller Personen- und Güterverkehr betrieben wird.

Tha Nalaeng (Laos)

Laos war lange eines der wenigen Länder ohne Eisenbahn und damit auch ohne Bahnhof. Auf der 1994 erbauten *Thai-Lao Friendship Bridge* über den Mekong, dem Grenzfluss zwischen Thailand und Laos, wurde jedoch eine Meterspurlinie eingerichtet. Im März 2009 wurde diese nach Tha Nalaeng in Laos verlängert, was damit als erste Bahnstation des Landes gelten kann.

4.5 Malaysia und Singapur

Kuala Lumpurs orientalischer Märchenbahnhof

Der alte Hauptbahnhof von Kuala Lumpur, 1910 eröffnet, ist in orientalischem Stil gehalten, mit weißer Fassade und indo-sarazenisch anmutenden Türmchen. Dabei war sein Architekt ein Brite, Arthur Benison Hubback. Heute halten im alten Bahnhof jedoch nur noch Nahverkehrszüge, der Fernverkehr wird im neuen Bahnhof Kuala Lumpur Sentral abgewickelt.

Alter Bahnhof von Kuala Lumpur

Das Taj Mahal von Ipoh

Einen prächtigen Bahnhof weist auch das 200 km nördlich von Kuala Lumpur gelegene Ipoh, das einst durch Zinnabbau reich wurde, auf. Diese 1915 gebaute Station hat sogar den Spitznamen ‚*Taj Mahal von Ipoh*'. Auf dem Bahnhofsgelände wächst übrigens der Ipoh-Baum, dessen giftiger Fruchtsaft einst für Giftpfeile verwendet wurde.

❖**Anak Bukit**

Ein Neubau in traditionellem maurischen Stil stellt der Bahnhof von Anak Bukit. Anak Bukit war einst Sultanssitz und ist als neue Hauptstadt des Bundesstaates Kedah vorgesehen. Entsprechend wurde die Infrastruktur im Ort in den letzten jahren ausgebaut. Dazu gehört mittlerweile auch ein entsprechender bahnhof.

Singapur - Tanjong Pagar

Tanjong Pagar war der lange der Innenstadt-Fernbahnhof Singapurs. Doch bis 2004 hing ein „*Welcome to Malaysia*"-Hinweis über dem Eingang. Das Land, auf dem er stand, und der Bahnkorridor nach Malaysia wurden nämlich einst von der malaysischen Bahngesellschaft KTM für 999 Jahre gepachtet. Die Stadtregierung versuchte lange die KTM dazu zu bewegen, den Bahnhof an den Stadtrand zu verlegen, damit die Trasse an Singapur fallen konnte. Singapur führte deshalb die Passkontrollen bereits seit ein paar Jahren am Stadtrand durch. Da Malaysia erst nicht mitzog, gab es zeitweise komplizierte Grenzübergangsprozeduren. Seit 1. Juli 2011 ist dies jedoch Geschichte, denn der Innenstadtbahnhof wurde stillgelegt und der seit 1903 bestehende Woodlands Train Checkpoint als Grenzbahnhof eingerichtet.

4.6 Indonesien

Batavia Noord

Der erste Zug Indonesiens fuhr bereits 1871 von Batavia Noord nach Buitenzorg im Westen Javas. Batavia, was der lateinischen Version des Landesnamens Holland entspricht, war zu holländischen Kolonialzeiten der Name der heutigen Hauptstadt des Landes. Als 1929 die Kota Station eröffnet wurde, wurde der kleine Bahnhof Batavia Noord, von dem heute keine Spuren erhalten sind, stillgelegt.

Djakarta Kota Station

Die heutige Kota Station in der indonesischen Hauptstadt Djakarta hieß zu holländischen Kolonialzeiten Batavia Benedenstad. *Benedenstad* ist das holländische Wort für Unterstadt. Als die holländischen Kolonialherren in Indonesien Bahnhöfe bauten, opferten sie, lokalen Traditionen nachkommend, Büffel, um den Stationen eine gute Zukunft zu verleihen. In der Nähe des 1929 nach einer Renovierung neu eröffneten Hauptbahnhofs Batavia in der Hauptstadt Djakarta begruben die Holländer sogar die Köpfe gleich zweier Wasserbüffel.
Als der Bahnhof eröffnet wurde meinte die Zeitung Javabote es wäre ein beeindruckender Bau und zählte zu schönsten Bahnhöfen des Ostens.

Djakarta Tanjung Priok

Der zeitweise für den Personenverkehr stillgelegte, 1921 erbaute Hafenbahnhof Tanjung Priok war mit seiner Mischung aus Art Deco-Architektur und indischem Klassizismus und seinem großen Bahnsteigtonnendach, dem größten Indonesiens, einst der eleganteste Bahnhof des Landes. Hier stiegen wichtige Persönlichkeiten der niederländischen Kolonialadministration, die per Schiff in Indonesien angekommen waren in den Zug um. Im Bahnhof gab es einen unterirdischen VIP-Warteraum, der heute nicht mehr zugänglich ist. Der Bahnhof sieht seit ein paar Jahren wieder Personenzüge, 3 von einst acht Linien bedienen ihn wieder. Eine Restaurierung des Gebäudes ist im Gange.

Bandung

Als es noch keine Klimaanlagen gab, führten Personenzüge in Indonesien zur Kühlung Eisblöcke in Kisten mit, die beim Halt an Bahnhöfen ausgetauscht wurden.
Wegen dem angenehmen Klima der 768 m hoch gelegenen Stadt Bandung planten die holländischen Kolonialherren einst, die Hauptstadtfunktion Indonesiens hierher zu verlegen. Regierungsgebäude wurden errichtet, Straßenzüge im Art Deco-Stil entstanden. Die Stadt bekam den Beinamen *Paris von Java*. Der Bahnhof der Stadt ist unspektakulär, gilt aber als aufgeräumtester und sauberster Indonesiens. Zahlreiche Loks sind hier abgestellt, denn die zu überwindende Steigung vom Tiefland ist beträchtlich. In Bandung haben die Indonesische Bahn sowie Eisenbahninitiativen und Modellbahnclubs ihren Hauptsitz.

Surabaya

Neben Djakarta und Bandung kann Surabaya als wichtigste Bahnstadt Indonesiens gelten. Surabaya hatte einst 4 Bahnhöfe. Am historisch wertvollsten ist der in Kolonialarchitektur erhaltene, aber für den Personenverkehr nicht mehr genutzte Semut-Bahnhof. Örtliche Webseiten beklagen jedoch seinen Verfall, denn sogar die Türgriffe wurden mittlerweile abgeschraubt und fordern, in ihm ein Museum einzurichten. Hauptbahnhof der Stadt ist heute der in den letzten Jahren modernisierte Gubeng-Bahnhof, von welchem täglich mehr als 20 Personenzüge abfahren.

4.7 Philippinen

Manila Tutuban

Im Jahre 1886 beauftragte die Manila Railway Company das Unternehmen Fleming mit dem Bau einer Bahnlinie. Für die im Zentralbahnhof Tutuban endende Schienenstrecke mussten etliche Häuser abgerissen werden. Darunter war auch das Elternhaus von Andres Bonifacio (1863-1897), der allerdings später bei Fleming eine Anstellung bekam. Bonifacio begehrte später gegen die spanische Kolonialherrschaft auf, wurde exekutiert und gilt heute als `Vater der Philippinischen Revolution´. Er wird im Land als Nationalheld geehrt.
In den neunziger Jahren wurde das Empfangsgebäude des Tutuban-Bahnhofs in ein Einkaufszentrum umgewandelt (es fahren aber weiterhin Züge vom Bahnhof ab) und auf dem Vorplatz ein Denkmal für Bonifacio aufgestellt.

Stadtbahnstation Blumentritt in Manila

In Manila gibt es eine Stadtbahnstation des Manila Light Rail Transit Systems (MLRT) mit dem seltsamen deutschen Namen Blumentritt. Diese liegt an der Blumentritt Street, die wiederum nach dem Prager Lehrer Ferdinand Blumentritt (1853-1913) benannt ist. Blumentritt war einer der führenden Philippinenkenner seiner Zeit, obwohl er das Inselarchipel nie besucht hatte. Weil er mit dem philippinischen Nationalhelden José Rizal (1861-1896) befreundet war, dessen Todestag 30. Dezember (er wurde von den spanischen Kolonialherren exekutiert) noch immer ein Feiertag ist, steht er auch in den Philippinen in Ansehen und so kam eine Straße und Stadtbahnstation zu seinem Namen. Am 30. Dezember 2000 (am Rizal-Feiertag) wurden im Bereich der Stadtbahn Manila Metro Rail Transit (MRT) Bombenanschläge verübt, die *Rizal Day bombings*, bei denen 22 Menschen starben.

5. Südasien

Bahnverkehr in Indien

Nach Japan ist Indien das Land mit den meisten Bahnpassagieren weltweit. Im Jahre 2017 wurden von der Indischen Eisenbahn über 8 Milliarden Personen befördert und damit mehr als von allen Eisenbahnen Europas zusammen. Allein im Raum Bombay werden im Vorortverkehr jedes Jahr über eine Milliarden Fahrgäste befördert. In Indien werden die Auslastungsgrade japanischer Vorortzüge sogar teilweise übertroffen. Dies wird auch durch geräumigere Eisenbahnwagen ermöglicht, denn in Indien liegt Breitspur (1676 mm), während der dichte japanische Vorortverkehr auf einem Schmalspurnetz abgewickelt werden muss. Bei der Zahl der geleisteten Personenkilometer liegt Indien bereits vor Japan. Mit fast 1200 Milliarden Personenkilometern findet in Indien ein Viertel des weltweiten Eisenbahnpersonenverkehrs statt. Wegen der größeren Reiseweiten liegt China, das sich mit Indien lange ein Kopf an Kopf-Rennen lieferte, heute mit 1500 Milliarden Personenkilometern jedoch vor Indien. Während Indien, wo bereits 1853 in Bombay eine erste Bahnlinie eröffnet wurde, einen früheren Start hatte als China (erste Bahn 1876) und lange in Bezug auf die Länge ds Eisenbahnnetzes die Nase vorn hatte, hat China in den letzten beiden Jahrzehnten mit ehrgeizigen Ausbauprogrammen Indien überholt. Im Eisenbahngüterverkehr beträgt die Verkehrsleistung in China das Sechsfache der indischen. Hochgeschwindigkeitsstrecken und spektakuläre Bahnhofsneubauten wie in China gibt es in Indien (noch) nicht. Andererseits finden sich unter den 8000 Bahnhöfen Indiens viele mit historisch interessanter Architektur. Und auch die indische Eisenbahn macht Fortschritte. Lange ein Verlustbringer, fährt sie heute mehrere Milliarden Euro Gewinn pro Jahr ein.

Indien

Vermischtes zu 9 indischen Bahnhöfen

Der indische Bahnhof mit dem kürzesten Stationsnamen ist Ib in Orissa. Den längsten Namen hat wiederum die unbemannte Station (Sri) Venkatanarasinharajuvariapeta (sicher auch die Station mit den meisten a im Namen) im Bundesstaat Andrha Pradesh an der Grenze zu Tamil Nadu gelegen.

Als Bahnhof mit den meisten Fernzügen gilt der von Lucknow, der Hauptstadt von Uttar Pradesh, wo täglich 64 Fernzüge abfahren.

Der Bahnhof von Siliguri ist dadurch rekordverdächtig, dass in ihm Gleise dreier Spurweiten liegen: indische Breitspur (1676 mm), Meterspur und 610 mm-Schmalspur).

Zwei Bahnhöfe liegen in zwei Bundesstaaten gleichzeitig: der östliche Bereich des Bahnhofs von Navapur liegt in Maharashtra, der westliche in Gujarat. Der Ostteil der Bhawani-Station liegt wiederum in Madhya Pradesh, der Westteil in Rajasthan.

Die beiden indischen Bahnstationen, welche am dichtesten beisammen liegen, sind Safilgada und Dayanand Nagar: der Abstand zwischen beiden Bahnhöfen beträgt lediglich 170 Meter.

Der Bahnhof von New Delhi, der bis zu den Commonwealth Spielen im Jahr 2010 zu einem modernen Verkehrsknoten umgebaut werden soll, hat in seinem Gleisbereich das ausgedehnteste Weichenrelaissystem weltweit.

5.1 Bombay und der Süden Indiens

Bombay CST (ehemals Victoria Station)

Der grandiose Kopfbahnhof von Bombay (Mumbai) wurde 1888 eröffnet, Architekt war der Brite Frederick William Stevens. Manche meinen, Anklänge an die Architektur der St. Pancras Station in London zu sehen. Es gibt sogar das Gerücht, die Baupläne wären ursprünglich für die Flinders Street Station (Melbourne) vorgesehen gewesen. Im Jahre 2004 wurde der Bahnhof von der UNESCO in die Liste des Weltkulturerbes aufgenommen. Die Architektur ist ein Stilgemisch aus venezianischer Neogotik und orientalischen Elementen. Der heftige Monsunregen fließt dabei über die Mäuler in die Fassaden integrierter Figuren ab. Er gilt als der Bahnhof außerhalb Japans mit der höchsten Passagierzahl (3 Millionen pro Tag). Allerdings hängen viele Reisende an den Türen der überfüllten Züge (innen stehen bis zu 15 Reisende/m^2) oder sitzen auf den Dächern, was nicht ungefährlich ist, denn im Vorortbahnverkehr Bombays sterben jedes Jahr etwa 3000 Menschen.

Bombay/Mumbai CST (Bild: Wikipedia)

Bombay und die Umbenennung

Ursprünglich nach der damals herrschenden britischen Königin Victoria benannt, wurde der neogotische Kopfbahnhof Bombays 1996 in Chhatrapati Shivaji Terminus (CST) umgetauft. Aber auch der Flughafen der Stadt und ein Museum heißen so. Was hat es mit diesem Namen auf sich? Shivaji Bosle (1630-1680) gründete im Jahre 1664 in Westindien das Maratha-Reich. Im Jahre 1674 wurde Shivaji zum Chhatrapati (König) gekrönt. Dieser Hinduherrscher gilt vor allem im Bundesstaat Maharashtra, in welchem Bombay liegt, als Held. So kam es, dass die in Bombay regierende Hindupartei Shiv Sena seit einigen Jahren befleißigt ist, Gebäude in der Stadt nach diesem Herrscher zu nennen, darunter auch die ehrwürdige Victoria Station, die aber immer noch unter ihrem alten Namen bekannt ist.

Bombay Churchgate und die Dabbawallahs

Der zweite Kopfbahnhof Bombays ist die im Westen der Halbinsel gelegene Churchgate Station. Diese spielt eine wichtige Rolle für das Dabbawallah-System, mit Hilfe dessen Pendler mit warmen Mahlzeiten versorgt werden. Dabba bedeutet Büchse. Damit sind die Aluminium- bzw. Zinndosen gemeint, in welchen Mahlzeiten transportiert werden. Diese Mahlzeiten werden von den Ehefrauen der Pendler zubereitet. Die Dabbawallahs (Dabbaboten) sammeln diese Mahlzeiten vor der Mittagspause und oft per Fahrrad bei den Frauen in den Vororten ein, fahren mit dem Zug nach Bombay und übergeben sie dort örtlichen Dabbawallahs, die sie an der Arbeitsstätte den Ehemännern übergeben.

Jeden Tag werden 200 000 Mahlzeiten ausgehändigt, 5000 Dabbawallahs, oft Analphabeten, sind dabei beschäftigt. Durch simple Farbcodes werden die Dosen unterschieden und so wenige werden fehlgeleitet (eine von 8 Millionen), dass bereits Logistiker das System untersucht und Managementforscher es als Vorbild an Präzision dargestellt haben. Ermöglicht wird das System auch durch die hohe Bevölkerungsdichte der Stadt (mehr als 20 000 Einwohner pro km^2), die ein auf motorisierten Individualverkehrsmitteln basierendes System verunmöglicht. Der dichte Eisenbahnvorortverkehr Bombays ist eine andere wichtige Voraussetzung und trotz der vollen Züge finden die Dabbawallahs noch Platz für den Transport der Mahlzeiten.

Hyderabad-Kacheguda - schönster Bahnhof Indiens?

Als einer der schönsten Bahnhöfe Südasiens kann die anfang des 20. Jahrhunderts erbaute Kacheguda-Station in Hyderabad gelten, einer der drei Fernbahnhöfe der Stadt. In orientalischem Stil in weiß gehalten erinnert er mit seinen Türmchen ein wenig an den Bahnhof von Kuala Lumpur.

Rameswaram und die Kühe

Rameswaram wird auch *Benares des Südens* genannt und ist eine der wichtigsten hinduistischen Pilgerstätten. Der Ort liegt auf einer Insel vor der Südspitze Indiens, welche durch eine Brücke mit dem Festland verbunden ist. Rameswaram ist ein Kopfbahnhof, von hier laufen Fähren nach Sri Lanka ab. Hindus glauben sogar, dass es einst eine von einem Hindu-Gott geschaffene Landverbindung nach Sri Lanka, die *Adam's Bridge* gab, welche sich noch im heutigen Inselband abzeichnet.

Die Bedeutung als Pilgerort wird auch am Bahnhof von Rameswaram deutlich. An der Fassade und dem Dach des Empfangsgebäudes sitzen vier steinerne (heilige) Kühe.

Chennai Central Station und die rote Farbe

Der Hauptbahnhof von Chennai (früher Madras genannt) gilt den Südindern als wichtige symbolische Landmarke. Die verkehrliche Funktion des Bahnhofs verhalf der Stadt zum Beinamen `*Tor zum Süden*´. In Filmen aus Südindien standen im Bahnhof gedrehte Sequenzen für die Ankunft in der Stadt. Dabei kommen die meisten Züge aus dem Süden im zweiten Bahnhof der Stadt, der Egmore Station an. Trotz des indischen Baustils hatte der Bahnhof mit Henry Erwin einen britischen Architekten. Seine rote Fassadenfarbe soll auf das Baumaterial Ziegel hinweisen. Doch im Jahre 2005 wurde er gelb gestrichen. Die Bürger der Stadt konnten sich jedoch mit der Änderung der gewohnten Farbe nicht anfreunden und setzten schließlich ein erneutes Umstreichen in der Ursprungsfarbe rot durch.

Chennai Station (Bild: Wikipedia)

5.2 Nordindien

Howrah Station und die Brücke

Der französische Schriftsteller Henri Michaux (1899-1984) meinte einst „*Verglichen mit allen Bahnhöfen der Welt ist der Bahnhof von Kalkutta fantastisch. Er erdrückt sie alle. Er allein ist Bahnhof.*" 800 000 Reisende nutzen diesen riesigen Bahnhof täglich. Aber das ist nicht mal der größte Bahnhof im Raum Kalkutta Ein noch gewaltigerer Bahnhof, mit wuchtigen roten Türmen, liegt in Howrah am Hoogli-Fluss. Er zählt täglich 1.1 Millionen Fahrgäste. Ein endloser Strom von Reisenden wälzt sich von diesem Bahnhof über die Howrah Brücke in die Innenstadt Kalkuttas. Mit pro Tag 2 Millionen Passanten und 150 000 Fahrzeugen gilt diese als die belebteste Brücke der Welt. Um die Reisendenmassen aufnehmen zu können, dürfen Güterzüge nicht mehr in den Bahnhof und bald sollen auch Besucher nicht mehr hineingelassen werden, sondern nur noch Reisende. Auch die Züge werden immer länger, heute bis zu 25 Waggons pro Zug.

Howrah Station (Bild: Wikipedia)

Günter Grass und der Taxifahrer

Der deutsche Schriftsteller Günter Grass (*1927) hielt sich auf Einladung des örtlichen Goethe-Instituts von August 1986 bis Januar 1987 in Kalkutta auf. Grass sah die Probleme der Stadt und bezeichnete sie als ‚*Scheisshaufen Gottes*'. Anfangs lebten Grass und seine Frau Ute im 32 km südlich von Kalkutta gelegenen Vorort Baruipur. Von dort fuhren sie regelmäßig mit der Bahn zum Sealdh-Bahnhof Kalkuttas. Dort ankommend wurde Grass von einem Taxifahrer einmal auf Englisch gefragt „Sind sie nicht Schriftsteller?" „Ja" antwortete Grass. „Haben sie nicht die Blechtrommel geschrieben" „Ja". Darauf der Taxifahrer: „Dann sind sie Graham Greene".

Kharagpur und der lange Bahnsteig

Kharagpur ein Vorort von Kalkutta ist dafür bekannt, dass hier das erste Indian Institute for Technology gegründet wurde. Aber noch einen weiteren Rekord kann Kharagpur aufweisen: hier findet mit einer Länge von 1072 Metern der längste Bahnsteig der Welt. Die Züge in Indien sind in den letzten Jahren nämlich immer länger geworden.

Lucknow und der falsche Affe

Der Bahnhof der nordindischen Stadt Lucknow gehört zu den indischen Bahnhöfen mit der höchsten Frequenz an Fernzügen. In den letzten Jahren wurde er allerdings auch von Affen sehr frequentiert. Als die Affen sogar Bahnpassagiere belästigten, suchte die Bahnhofsleitung nach einem Weg, der Plage Herr zu werden, ohne den Affen physisch weh zu tun (denn Hindus verehren den Affengott Hanuman). Dies gelang auf ungewöhnliche Weise. Die Bahngesellschaft stellte im Herbst 2008 einen Mann ein, Achan Miyan, der sich halbnackt und mit aufgesetztem Affenschwanz wie ein Primat durch den Bahnhof bewegte. Dafür bekam er etwa 5 Euro pro Tag. Dieses

Geld war gut angelegt, denn im Laufe des Oktobers 2008 vertrieb dieser seltsame Affenmensch die sich vor ihm fürchtenden Affen aus dem Bahnhof.

Varanasi (Benares) und das Rad

Auf dem Dach des Bahnhofs von Varanasi (Benares) ist ein Rad mit 24 Speichen zu sehen. Ein Flügelrad ist es nicht, denn Eisenbahnwagen haben keine dünnen Speichen. Vielmehr handelt es sich um ein hinduistisch-buddhistisches Symbol, das auch auf der Flagge Indiens zu sehen ist. Es gibt Radvarianten mit verschiedener Speichenzahl und verschiedener symbolischer Bedeutung, aber die 24 Speichen passen zu einem Bahnhof, dessen Fahrplan vom 24-Stunden-Rhythmus geprägt ist.

Khusrupur und die Unruhen

Dass die Eisenbahn in Indien ein wichtiges Verkehrsmittel ist, zeigt sich auch am Protest der Bevölkerung, wenn Zughalte gestrichen werden. In Bihar, dem sozial unruhigen Armenhaus Indiens, wurde deshalb sogar ein Bahnhof abgefackelt. Als die indische Bahn beschloss, ab Mai 2009 im Bahnhof von Khusrupur weniger Züge halten zu lassen, setzten Protestierende den Bahnhof in Brand und zündeten mehrere Züge an.

Ongole und die Ambedkar-Büste

Im September 2008 wurde auf dem Bahnsteig des Bahnhofs von Ongole (Bundesstaat Andrah Pradesh) eine goldfarbene Büste von Dr. B.R. Ambedkar (1891-1956- aufgestellt. Ambedkar hatte sich besonders für die Belange der Dalits, der Nachfahren der indischen Ureinwohner, die im Kastensystem als Unberührbare gelten, eingesetzt. Ambedkar, selbst in eine unberührbare Kaste geboren und später zum Buddhismus übergetreten, wird seither von den

Dalits verehrt. Auf Ambedkars Betreiben wurde einst das buddhistische Rad in die Flagge Indiens aufgenommen.

Bhavnagar

Der Bahnhof von Bhavnagar in Gujarat ist der einzige Indiens, in welchem Frauen als Gepäckträger arbeiten. Als die Stadt Bhavnagar im Jahre 1880 Bahnanschluss bekam, gab der Herrscher der Region Bhavnagar Taktsinhij Thakor den Frauen der Koli-Gemeinschaft das Recht, im Bahnhof als Kulis zu arbeiten. 40 Frauen bekamen Abzeichen, die sie als königliche Kulis auszeichneten. Diese Abzeichen wurden von Generation zu Generation an die Töchter weitergereicht, denen so eine Möglichkeit gegeben wurde, ihren Lebensunterhalt zu bestreiten. Obwohl die Marken nicht mehr an ein Geschlecht gebunden sind, werden sie noch heute ausschließlich an Töchter weitergegeben. Noch heute arbeiten im Bahnhof 22 Frauen als Gepäckträger. Eine Gepäckträgerin verdient etwa 100 Rupien am Tag (1.5 Euro).

Munabao und die Grenze

Munabao ist der letzte Bahnhof im westindischen Bundesstaat Rajasthan vor der Grenze zu Pakistan. Nach den kriegerischen Auseinandersetzungen mit dem Nachbarland im Jahr 1965 wurde die Bahnverbindung nach Pakistan unterbrochen und der Bahnhof geschlossen. 2005 wurde im Zuge verbesserter Beziehungen zwischen beiden Ländern der Bahnhof aber wieder aufgebaut. Vorsichtshalber wurde er jedoch mit einem 3 Meter hohen Stacheldrahtzaun umgeben, damit kein Fahrgast sich hier unbemerkt davonmachen kann. Ganz trauen sich die Nachbarn also noch nicht und indische Sicherheitskräfte patrouillieren denn auch auf dem 12 km langen Streckenabschnitt bis zur Grenze - zu Fuß und mit Kamelen.

5.3 Indiens Schmalspur-Bergbahnen

Shimla und der Spielzeugzug

Die britischen Kolonialbeamten litten sehr unter der glühenden Sommerhitze Nordindiens (Hauptstadt war bis 1911 Kalkutta). Erleichterung fanden sie in der Kühle der Berge. Von 1834 bis 1939 zog die Kolonialregierung Britisch Indiens in den Sommermonaten in das auf über 2000 m Höhe am Rande des Himalaya gelegene Shimla. Noch heute ist Shimla von britischer Kolonialarchitektur geprägt. Zugehörige Bahnstation war Kalka, von dort ging es mit einer achtstündigen Karawane weiter. 1903 wurde schließlich eine Schmalspurbahn zwischen Kalka und Shimla eröffnet. Wegen ihrer Spurweite von nur 762 mm wird sie in Indien auch *Toy Train* (Spielzeugeisenbahn) genannt. Im Jahr 2008 wurde die Bahnlinie in die UNESCO-Liste des Weltkulturerbes aufgenommen.

Solan Brewery Station

Die Hitze Indiens machte den Briten Durst. Weil dadurch ein Markt für Bier vorhanden war, zog der Brite Edward Dyer nach Indien, um in der Stadt Kasauli die erste Brauerei zu eröffnen. Das erste Bier der Brauerei und damit Indiens hieß *Lion*. Es war bei den Briten beliebt und ein Werbeposter meinte es wäre ‚as good as back home'. Weil dort reichlich Quellwasser vorhanden war, wurde die Brauerei bald in den Ort Solan verlegt. Später wurde die Brauerei vom britischen Unternehmer Meakin gekauft und das Unternehmen wurde zu *Meaking and Dyer Bre*weries. Die an der Kalka-Shimla-Bahnlinie gelegene Brauerei bekam sogar ihre eigene Bahnstation.

Als die Straße nach Solan ausgebaut wurde, verlor der Transport von Gütern per Bahn an Wirtschaftlichkeit, denn im Ort Kalka war ein Spurwechsel nötig. So fiel die Brauerei bald als Verlader weg. Schließlich wurde beschlossen, auch den Personenverkehrshalt aufzuheben. Doch Fahrgäste können die Brauerei immer noch gut riechen, wenn der Zug daran vorbeifährt.

Barog und der Tunnel

Der längste Tunnel der Shimla-Kalka-Strecke findet sich beim Bahnhof Barog. Dieser ist nach dem britischen Ingenieur Barog benannt, der um 1900 von zwei Seiten einen Tunnel durch den Berg graben ließ. Doch die beiden Röhren verfehlten sich. Barog beging daraufhin Selbstmord. Wenige Jahre später gelang es H.S. Harrington, dem Chefingenieur der Bahn, erfolgreich einen Tunnel zu graben. An den unglücklichen Ingenieur Barog erinnert noch heute die nach ihm benannte Kleinstadt am Tunnel mit der kleinen adretten, 1560 m hoch gelegene Barog-Station, die manche an einen kleinen schottischen Bahnhof erinnert.

Darjeeling und die Schmalspurbahn

Bereits 1999 wurde die Darjeeling Himalayan Railway von der UNESCO in die Liste des Weltkulturerbes aufgenommen. Diese bereits 1879-1881 erbaute Reibungsbahn hat eine Spurweite von nur 610 mm, weshalb sie in Indien ebenfalls als Spielzeugeisenbahn bezeichnet wird. Sie brachte in der damaligen indischen Hauptstadt Kalkutta stationierten Kolonialbeamten Erleichterung von der Sommerhitze und erschloss Teeanbaugebiete. Technisch hat sich seither wenig geändert, noch heute sind die Züge mit Dampflokomotiven bespannt. Die Endstation Darjeeling, ein eher bescheidener Bau, liegt 2076 m über dem Meeresspiegel. Der zugehörige Ort ist von britischer Kolonialarchitektur des 19. Jahrhunderts geprägt.

Der hoch gelegene Bahnhof von Ghum

Die am höchsten gelegene Station der Darjeelingbahn ist jedoch nicht die Endstation Darjeeling, sondern Ghum (2226 m), wo es an der Station auch ein Bahnmuseum gibt. Ghum wird in manchen Reiseführern fälschlicherweise sogar als der höchst gelegene Bahnhof der Welt bezeichnet, manchmal auch als der zweithöchst gelegene. Beides ist falsch, denn nicht nur in China gibt es seit dem Bau der Tibetbahn höher gelegene Bahnhöfe, sondern auch in Peru und in der Schweiz. Der höchstgelegene Dampfzugbahnhof ist dagegen eher korrekt, auch gegen die Bezeichnung höchst gelegener Bahnhof Indiens ist nichts einzuwenden. Im Bahnhof von Ghum weist ein kleines schwarzes hausförmiges Monument auf den Welterbestatus der Darjeelingbahn hin.

Die Niligiri-Bahn

Im Süden Indiens gibt es eine dritte Schmalspurbahn, welche von der UNESCO zum Weltkulturerbe ernannt wurde, die *Niligiri Mountain Railway*. Wie die zwei anderen eine Bergbahn, und wie die Darjeelingbahn mit Dampfzügen betrieben, wird sie allerdings mit ihrer Spurweite von 1000 mm in Indien nicht als *Toy Train* bezeichnet. Die Bahn verbindet die Stadt Mettupalayam mit Udagamandalam in den Nilgiri-Bergen Südindiens. Sie ist die einzige Zahnradbahn Indiens. Im Bahnhof von Coonoor erinnert eine Messingtafel mit englischem Text daran, dass die Bahnlinie im Jahr 2005 von der UNESCO in die Liste des Weltkulturerbes aufgenommen wurde. Die Endstation Udagamandalam, der Ort und sein Bahnhof wird auch Oatacamund genannt, ist wie Shimla und Darjeeling von britischer Kolonialarchitektur geprägt. Den Briten, die in dieser ‚Queen of Hills' einst Erleichterung von der Hitze Südindiens suchten, waren jedoch beide Namen zu kompliziert. Sie sagten zum Ort einfach *Ooty*.

5.4 Pakistan, Bangladesh und Nepal

Pakistan

Lahore und das Fort

Der Bahnhof von Lahore in Pakistan wurde kurz nach den Aufständen von 1857 von den britischen Kolonialherren errichtet. Auf der silbernen Schaufel, mit der der Gouverneur Sir John Lawrence den ersten Spatenstich unternahm, fand sich das Motto `tam bello quam pace´- besser Frieden als Krieg. Doch aufgrund der angespannten Situation musste das Gebäude gleichzeitig als Fort angelegt werden. In den Türmen des Bahnhofs befanden sich Schießscharten.
Und auch heute, über 150 Jahre nach dem Bahnhofsbau, ist die Lage in Pakistan alles andere als entspannt.

Karachi Cantt Station

Auch der Name des wichtigsten Bahnhofs der pakistanischen Metropole Karachi, die Cantt Station, weist auf die Militärgeschichte der Bahn in Pakistan hin. Cantt steht nämlich für Cantonement und dies war das militärisch gesicherte Vorstadtgelände, in welchem sich der Bahnhof einst befand.

Bangladesh

Dhaka Kamalapur und die Schlange

Sowohl im Hinduismus als auch im Buddhismus Süd- und Südostasiens spielt die Schlange Naga eine Rolle, oft als siebenköpfige Kobra dargestellt. Obwohl Bangladesh und seine Kapitale Dhaka überwiegend muslimisch sind, wird die Architektur des modernen Kamalapur-Bahnhofs der Hauptstadt mit seinen auf jeder Seite kobraartig aus-

kragenden 7 Stützelementen auch mit einer siebenköpfigen Schlange, also einer Naga, verglichen.
Mittlerweile plant die regierung, den Bahnhof zugunsten neuer Metrolinien zu verlegen und das Empfangsgebäude abzureissen.

Sylhet

Ein ähnlicher, architektonisch ebenfalls durch seine spezielle Bangladesh-Moderne beeindruckender Bahnhof steht in der Stadt Sylhet, welche in der nordöstlichen Teeregion des Landes liegt. Würfelartige Gebäudeelemente werden von einem baumkronenartigen Dach überdeckt. Er wurde vom Architekten Rafique Uddin Ahmed 2004 erbaut. Aus Bangladesh kam übrigens einst auch F.R. Kahn, der Ingenieur, der für die Statik des Sears Towers in Chicago verantwortlich war.

Sylhet Station

Nepal

Janakpur in Nepal

Katmandu, die Hauptstadt Nepals, kann nicht mit der Bahn erreicht werden und verfügt entsprechend über keinen Bahnhof. Die *Janakpur Railway*, eine 762 mm Schmalspurbahn, die mit Dampfloks betrieben wird, ist die einzige Eisenbahnlinie des Landes. Diese Linie ist nur 29 km lang, befördert etwa 1 Million Passagiere pro Jahr und führt von Janakpur Dham zur indischen Stadt Jaynagar.

Janakpur hat nur einen bescheidenen Bahnhof. Doch trotz des geringen Zugverkehrs ist hier immer wieder viel los. Janakpur hat nämlich eine wichtige hinduistische Tempelanlage und zu Pilgerzeiten herrscht dichter Bahnverkehr. Die Schmalspurzüge sind dabei so voll, dass etliche Reisende nur noch auf den Zugdächern Platz finden.

❖ **Khajuri**

Den nicht so guten Zustand der nepalesischen Eisenbahn zeigt der Bahnhof von Khajuri auf der einzigen Eisenbahnlinie des Landes. Sowohl Bahnhof als auch Bahnlinie scheine in renovierungsbedürftigem Zustand zu sein.

Bahnhof von Khajuri (Bild: Wikipedia)

5.5 Sri Lanka

Colombo Fort Station

Die in Mazedonien geborene Ordensschwester Mutter Teresa (1910-1997) verabschiedete sich am 28. September 1928 am Bahnhof von Skopje von ihrer Schwester und ihrer Mutter und stieg in den Zug nach Zagreb. Sie sollte die beiden nie wiedersehen, denn ihr Reiseziel Irland, wo sie Englisch lernte, war nur eine Zwischenstation auf dem Weg nach Indien, wo sie 1929 ankam und viele Jahrzehnte in Kalkutta tätig sein sollte. Teresa starb im September 1997. Der britische Regisseur Kevin Connor verfilmte im gleichen Jahr ihr Leben unter dem Titel `*Mother Teresa: in the Name of God's Poor'*. Die Szenen, die im Bahnhof von Kalkutta spielten, drehte man jedoch im Bahnhof *Fort Station* in Colombo, der Hauptstadt von Sri Lanka. Ein Grund war, dass es hier weniger hektisch und zivilisierter zuging als auf dem überfüllten Bahnhof Kalkuttas.

Kandy

Kandy, per Bahn in zweieinhalb Stunden von Colombo erreichbar, hat einen der belebtesten Bahnhöfe Sri Lankas. Denn der Ort ist ein wichtiges buddhistisches Pilgerziel - hier wird der Zahn Buddhas aufbewahrt. In Zusammenhang mit dem Zahn steht die beeindruckende buddhistische Prozession Esala Perahera, die hier jedes Jahr stattfindet. Dabei geht es so farbenfroh zu, dass die Bahnhofsfassade jedes Jahr nach der Prozession abgewaschen werden muss. Doch der 1857 erbaute Bahnhof ist so alt, dass längst eine grundlegende Sanierung des Gebäudes notwendig war. Im Jahr 2008 sponserte der Ölkonzern Chevron schließlich eine grundlegende Renovierung des Bahnhofs von Kandy. Der Bahnhof, der bei im Bergland nicht unüblichen Starkregenfällen regelmäßig absoff, bekam endlich ein ordentliches Drainagesystem.

6. Vorderasien und Kaukasus

6.1 Vorderasien

Damaskus Hedschas-Bahnhof

Die 1050 mm-Hedschasbahn wurde 1900-1908 im Osmanischen Reich unter der Projektleitung des deutschen Ingenieurs Heinrich August Meißner gebaut. Sie führte einst von Damaskus bis Medina. Eine Verlängerung dieser Pilgerbahn nach Mekka kam allerdings nie zustande. Der Süden der Strecke sah sich bald Beduinenangriffen ausgesetzt, die vom Briten Lawrence von Arabien angeführt wurden, und überlebte nicht lange. Die Strecke Damaskus-Amman gibt es jedoch noch, allerdings wurde hier Ende 2006 der fahrplanmäßige Verkehr eingestellt. Wenige Jahre zuvor waren die Schienen zum Hedschasbahnhof in der Innenstadt von Damaskus für ein Stadtentwicklungsprojekt entfernt worden. Die Züge fahren heute im Cadem-Bahnhof am Stadtrand ab.

Der im historisierend orientalischen Stil erbaute Hedschasbahnhof gehört zu den schönsten Empfangsgebäuden im Nahen Osten. Vor dem Bahnhof steht eine alte deutsche Lok und ursprünglich sollte ein deutscher Architekt auch einen Brunnen für den Bahnhofsplatz entwerfen mit einem Löwen verziert, der, so die Vorgabe, seine Pratze auf eine türkische Flagge legen sollte.

Medina Hedschas-Bahnhof

Der Hedschasbahnhof von Medina ist überraschend gut erhalten, obwohl hier seit 1924 keine Züge mehr ankommen. Geld für Restaurierungsarbeiten ist im ölreichen Saudi-Arabien scheinbar vorhanden. Schilder am Bahnhof weisen auf Bauarbeiten hin. Im Bahnhofskomplex entsteht ein Museum zur Geschichte der Hedschasbahn.

Der Schah und der Bahnhof von Teheran

Der Hauptbahnhof von Teheran wurde von deutschen Firmen gebaut und 1939, gerade noch vor Ausbruch des Zweiten Weltkrieges, fertig gestellt. Der damaligen Nazi-Rassenideologie entsprechend, sahen sich die Deutschen als Arier und als ebensolche galten die Iraner. Vielleicht war das der Grund, weshalb die Deutschen ein Hakenkreuz in die Gestaltung der Bahnhofsdecke einbezogen. Dieses war noch Jahre nach dem Weltkrieg im Bahnhof zu sehen. Der Schah sympathisierte insgeheim mit den Deutschen, die neu gebaute Transiran-Eisenbahn wurde im 2. Weltkrieg jedoch ein wichtiger Nachschubweg für Lieferungen der Amerikaner an die Sowjetunion.

Im Hauptbahnhof von Teheran hatte der Schah seine eigene private Station. Die Sessel und der Teppich wurden allerdings durch Staubdecken geschützt, welche erst im Falle eines Reisewunsches des Schahs entfernt wurden. Sogar wenn er per Flugzeug reiste, musste der königliche Zug betriebsfertig gemacht werden, um vorbereitet zu sein, falls eine plötzliche Wetterverschlechterung einen Flug unmöglich machen sollte. Reiste der Schah per Bahn, mussten sich alle höheren Bahnbediensteten bereithalten, denn alle Eisenbahnabteilungsleiter mussten mitfahren, um nötige Anweisungen geben zu können, falls der Eisenbahnbetrieb irgendwie gestört werden sollte.

Bagdad Hauptbahnhof

Der von einem britischen Architekten entworfene, 1953 eröffnete Hauptbahnhof von Bagdad wurde 2003 nach der US-Invasion geplündert, nach einer 6 Millionen $ Renovierung im Jahre 2007 jedoch wieder eröffnet. Doch den täglichen Zug nach Mosul nutzen anfangs im Durchschnitt nur 10 Fahrgäste, fast ausschließlich Bahnbedienstete. Die Iraker hatten einfach noch zu viel Angst vor Anschlägen, um sorglos reisen zu können.

Jerusalem

In den ersten Jahrzehnten nach der Gründung Israels spielte die Eisenbahn nur eine marginale Rolle im Verkehrssystem des Landes. Der öffentliche Verkehr wurde und wird noch heute von den Bussen der *Egged*-Kooperative dominiert, der größte Busbetreiber Israels und die zweitgrößte Busfirma weltweit. Eine Anstellung bei Egged galt in Israel lange als besonders erstrebenswert und ähnelte einer Beamtenstelle auf Lebenszeit. Mitarbeiter von Egged hatten gute Chancen auf dem Heiratsmarkt. Doch mit dem wirtschaftlichen Aufschwung Israels im letzten Jahrzehnt ist der motorisierte Individualverkehr so stark gestiegen, dass mittlerweile auch die Busse im Stau stecken bleiben. Das führte dazu, dass wieder mehr in das bislang nur schlecht ausgebaute Schienennetz investiert wurde. Bahnstrecken, so Tel Aviv-Jerusalem, wurden saniert und ein neuer Bahnhof, der Malha Bahnhof wurde 2005 in Jerusalem eröffnet. Weil der Busverkehr weiterhin von großer Bedeutung ist, ist allerdings heute in Jerusalem eine weitere Station direkt unter dem zentralen Busbahnhof der Stadt im Bau. Außerdem soll der Busbahnhof (und damit auch der neue Bahnhof) Anschluss an eine neue Stadtbahn (die landestypisch mit schusssicheren Fenstern ausgestattet ist) bekommen.

Haifa Hashmona-Bahnhof

Während des Konfliktes zwischen Israel und dem Libanon im Jahre 2006 schlug in einer Zugabstellanlage in Haifa eine Katyuscha-Rakete der Hisbollah ein und tötete 8 israelische Eisenbahnmitarbeiter. Der nahe gelegene Bahnhof Haifa Zentrum (Haifa Merkaz) wurde daraufhin in *Haifa Merkaz Hashmona Station* umbenannt. Hashmona heißt `die Acht´ und so wollte man das Andenken an die getöteten acht Bahnmitarbeiter aufrechterhalten.

❖Jerusalem- Yitzhak Navon Bahnhof

Der 2018 eingeweihte Bahnhof im Zentrum von Jerusalem ist der Bahnhof mit dem am weitesten unter dem Straßenniveau gelegenen Bahnsteigen. Diese liegen in einer Tiefe von 80 m. Durch diese Tieflage weren zu starke Steigungen der von Tel Aviv und damit der Küste kommenden Bahnlinie vermieden und die Tieflage bot die Möglichkeit, Bunker einzubauen, die im Falle eines militärischen Angriffes bis zu 5000 Personen Schutz bieten können.

Jerusalem Bahnhof Yitzhak Navon (Bild: Wikipedia)

6.2 Kaukasus

Eriwan und der Zuckerbäckerstil

Im Jahr 2000 wurden die Leser des britischen Magazins *The Independent Traveller* dazu aufgerufen, ihren Lieblingsbahnhof in wenig von Touristen besuchten Gebieten zu nennen. David Turns aus Liverpool schlug die Station Bled-Jezero in Slowenien, Cincinnati Union Station in den USA und den Hauptbahnhof von Eriwan vor. Turns meinte dazu, dass der Bahnhof in dieser Stadt mit ihren wegen Erdbebengefahr flachen Bauten deutlich herausragt. Der Bahnhof wäre im Jahre 1956 errichtet worden und damit einer der letzten Bauten im stalinistischen Zuckerbäckerstil. Die Fassade mit ihren Kolonnaden und ihrem Spitz zulaufenden Bahnhofsturm dominiert den Bahnhofsplatz völlig. Sogar ein heute obsoleter Roter Stern ist auf dem Bahnhofsmast zu sehen. Allerdings ist der Bahnhof in seiner gut erhaltenen Sowjetpracht völlig unterausgelastet. Als Turns seine Fahrkarte für den Zug nach Tiflis kaufte, war er der einzige Fahrgast im Bahnhof und musste feststellen, dass aus diesem nur 4 Züge pro Tag abfuhren.

Gori und Stalin

Gori hat einen cremegelben, gut erhaltenen neoklassischen Bahnhof mit Säulenvorbau. Über der bahnsteigseitigen Bahnhofstür hing bis vor wenigen Jahren überraschenderweise ein Portrait Josef Stalins. In einem der Warteräume des Bahnhofs fand sich eine Stalinstatue. Der Grund für die örtliche Wertschätzung des sowjetischen Diktators, dessen Statue bis 2010 auch vor dem Rathaus von Gori stand: Stalin wurde (1878) in Gori geboren.

☞: Im Ossetienkonflikt im August 2008 wurde Gori von Russen und Südosseten besetzt. Im Juni 2010 nahmen die Georgier über Nacht die Stalinstatue vom Sockel.

Der Flughafenbahnhof von Tiflis

Die griechische Mythologie erzählt von einem sagenhaft reichen Land am Ostrand des Schwarzen Meeres, in welchem Jason und die Argonauten dem König Aietes mit Hilfe seiner Tochter Medea das Goldene Vlies entführten. Beim Goldenen Vlies handelte es sich um das Fell des Widders Chrysomeles, der fliegen konnte und die Kinder des Königs Athamas vor ihrer eifersüchtigen Stiefmutter nach Kolchis in Sicherheit brachte. Der Widder wurde geopfert und sein Vlies in einem heiligen Hain aufgehängt, wo es von einem Drachen bewacht wurde. Bei Kolchis soll es sich um das heutige Georgien gehandelt haben. Georgien war einst goldreich und Schaffelle wurden verwendet, um das Gold aus den Flüssen zu waschen - wahrscheinlich eine Grundlage des Goldenen Vlies-Mythos.
Besucher, die auf dem Flughafen der georgischen Hauptstadt Tiflis ankommen und vom Flughafenbahnhof, vom dem Präsident Schakashwili meinte, *er wäre viel besser als derjenige von Genf*, per Zug in die Innenstadt fahren, mögen sich diesen Mythos erinnert fühlen. Denn die Bahnstation sieht mit ihrer goldfarbigen Außenverkleidung und ihrer geschwungenen Form mit Knubbel so aus, als hätte jemand einen Knoten in das Goldene Vlies gemacht und dieses über die Bahnstation geworfen.

Suchumi

Im Internet finden sich Photoblogs mit Bildern, die den morbiden Charme einer verfallenden und von der Natur überwucherten *Abkhazia Railway Station* zeigen. Dabei handelt es sich um den Bahnhof von Suchumi, der Hauptstadt der von Georgien abtrünnigen Provinz Abchasien. Zu Sowjetzeiten war Suchumi ein wichtiger Badeort mit repräsentativem Bahnhof. Doch durch den Bürgerkrieg und die Grenzschließung kam der Bahnverkehr zum Stillstand und der Bahnhof fiel brach.

7. Türkei

Die Türkei hat ein relativ weitmaschiges und in weiten Teilen erst spät entstandenes Eisenbahnnetz. Dennoch ist die Eisenbahngeschichte des Landes interessant, denn verschiedene europäische Mächte haben in ihr Spuren hinterlassen. Im 19. Jahrhundert fiel das von einer in ihrer Entwicklung stagnierenden orientalischen Gesellschaft gekennzeichnete Osmanische Reich gegenüber den sich modernisierenden westeuropäischen Mächten immer mehr zurück. Bereits im Krimkrieg galt es als ‚kranker Mann Europas'. Typisch für den Orient, war auch der Raum der heutigen Türkei von einem feudalistischen rentenkapitalistischen System gekennzeichnet, welches Gewinne von städtischen Landbesitzern konsumieren ließ und unternehmerische Initiative, Investitionen und Innovationen hemmte. Ein türkisches Unternehmertum entwickelte sich so nicht, auch nicht im Eisenbahnsektor. Doch bald sprangen ausländische Unternehmen ein, um wirtschaftliche Potentiale zu erschließen. Eine britische Gesellschaft baute die erste Bahnlinie der Türkei, um die dort angebaute Baumwolle nach England transportieren zu können, französische Unternehmen kümmerten sich um den Schwarzmeerraum und die dortige Kohle, eine belgische Gesellschaft eröffnete den Bahnhof von Bursa. Das türkische Wort für Bahnhof, *Gar*, leitet sich aus dem französischen *gare* ab. Auch die Deutschen spielten, etwas später, eine wichtige Rolle. Deutsche Architekten bauten die beiden Kopfbahnhöfe Istanbuls, die Deutsche Bank finanzierte einen davon und die Deutschen bauten ab 1903 die Bagdadbahn von Konya in die irakische Hauptstadt. Später beeinflussten deutsche Exilanten die Stadtplanung Ankaras, einschließlich eines Hauptbahnhofs im Bauhausstil. Der deutsche Einfluss zeigt sich noch heute darin, dass am Bahnsteig vom Bahnpersonal die Abfahrt des Zuges mit dem Wort ‚Fertik' freigegeben wird.

Netzkarte der türkischen Eisenbahn
(Quelle: Trains of Turkey, www.trainsofturkey.com)
Rot: Neubaustrecken

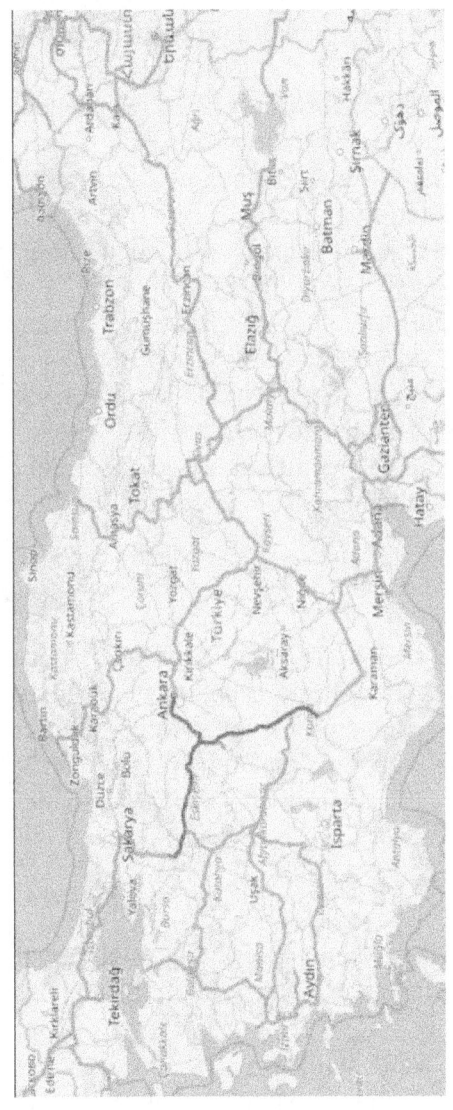

7.1 Izmir und südliche Ägaïs

Aydin

Die erste Bahnlinie der Türkei wurde im Jahre 1856 eröffnet, war 130 km lang und führte von Izmir nach Aydin. Dies wird mit der Baumwolle erklärt, die in der Provinz Aydin angebaut und von der britischen Textilindustrie stark nachgefragt wurde. Manchmal wird sogar der amerikanische Bürgerkrieg bemüht, der Baumwoll-Versorgungsengpässe ausgelöst haben soll, doch dieser fand erst 1861-1865 statt. Auf jeden Fall war der Baumwollanbau im Raum Aydin wirtschaftlich relevant genug, die britische *Levant Company* zum Bau einer Bahnlinie zu bewegen. Aydin liegt am Mäander, der durch seinen Verlauf zum Begriff für gewundene Flüsse geworden ist. Aydin hat noch heute einen Bahnhof, welcher aber architektonisch eher unscheinbar ist und wenig Verkehr aufweist.

Izmir Alsançak

Der 1858 erbaute Alsançak-Bahnhof von Izmir, unweit des Hafens gelegen, ist heute der älteste Bahnhof der Türkei. Im Mai 2006 wurde der Bahnhof wegen Erweiterung der Metro von Izmir geschlossen und diente unter anderem für Konzerte. Am 19. Mai 2010 wurde er für den Personenverkehr als S-Bahnstation der IZBAN wiedereröffnet.

Izmir Basmane

Basmane ist heute der Hauptbahnhof der Stadt Izmir. Aber auch hier herrscht kein reger Zugverkehr, denn das Bahnnetz in der Türkei ist nur wenig ausgebaut und Busse dominieren im Fernverkehr. Immerhin hat der Bahnhof eine U-Bahnstation (das kleine U-Bahnnetz Izmirs besteht erst aus einer Linie). Nachts ist die Bahnhofsfassade in blaues Licht getaucht. Das hat ähnliche Gründe wie in Westeuropa. Fixer werden dadurch entmutigt sich am Bahnhof aufzuhalten, denn durch das blaue Licht finden sie ihre Adern nicht.

Camlik und das Dampflokmuseum

Zwischen Aydin und Izmir liegt der Bahnhof des Dorfes Camlik. Hier hatte Atatürk im Ägäisfeldzugs in seinem *Weißen Zug* sein Hauptquartier. Heute befindet sich auf dem Bahnhofsgelände das türkische Eisenbahnmuseum. Viele Dampfloks, welche noch bis in die 1980er Jahre in der Westtürkei im Einsatz waren, sind hier abgestellt.

Dalamans Bahnhof ohne Schienen

Der Urlaubsort Dalaman, im Südwesten der Türkei unweit von Marmaris gelegen, ist für seinen Billigflieger-Flughafen bekannt. Eine Sehenswürdigkeit des Ortes ist zudem ein ‚Bahnhof', der nie Schienenverkehr hatte. Der ägyptische Gouvernementspräsident Padischa Abbas war begeisterter Jäger und wünschte sich im wildreichen Dalaman ein Jagdschlösschen. Den Bauauftrag bekam 1905 eine französische Firma. Diese erhielt zur gleichen Zeit den Auftrag, für eine Station bei Alexandria in Ägypten ein Bahnhofsgebäude zu entwerfen. Die Franzosen brachten beide Projekte durcheinander und so wurden die Jagdschlosspläne nach Ägypten und die Bahnhofspläne nach Dalaman geschickt. Keiner bemerkte die Verwechslung und so wurde ein Bahnhofsgebäude in einer Stadt ohne Schienenverkehr gebaut. Manche Quellen behaupten sogar, es wären auch Schienen gelegt worden. Heute sitzt im ‚Bahnhof' die Verwaltung der örtlichen Landwirtschaftsgüter.

7.2 Raum Istanbul und europäische Türkei

Istanbul-Sirkeci - Orient in Europa

Der auf der europäischen Seite gelegene Sirkeci-Bahnhof gelangte einst vor allem als Endstation des *Orient-Express'* zu Berühmtheit. In den zwanziger Jahren brachte hier jede Woche ein Güterzug Kleidung aus Frankreich in die Türkei. Kemal Atatürk wollte damit seinen Landsleuten den westlichen Kleidungsstil nahebringen. Das Empfangsgebäude des 1890 eröffneten Bahnhofs wirkt orientalisch. Kein Wunder, denn Architekt war der Preuße August Jachmund, der von der deutschen Regierung nach Istanbul gesandt worden war, um orientalische Architektur zu studieren.

1963 wurde eine Szene des James Bond-Films ‚*From Russia with Love*' im Bahnhof gedreht. Mehrere tausend Schaulustige drängten währenddessen in den Bahnhof. Zeitweise mussten die Schaulustigen durch einen Stunt abgelenkt werden, um die Aufnahmen nicht zu stören.

Istanbul-Haydarpasa - Europa in Asien

Der Haydarpasa-Bahnhof auf der asiatischen Seite wirkt europäischer. Auch dies sollte nicht überraschen, denn erbaut wurde er von der Firma Philipp Holzmann nach Plänen der deutschen Architekten Otto Ritter und Helmut Cuno. Der schlossähnliche Bahnhof im Neorenaissance-Stil war ein Geschenk Kaiser Wilhelms II. an Sultan Abdülhamid und die verbündete Türkei. 1100 Pfähle mit einer Länge von jeweils 21 Metern mussten in den weichen Boden gerammt werden, um ein stabiles Fundament zu schaffen. Der Bahnhof ist als einer der wenigen weltweit auf drei Seiten von Wasser umgeben. 1979 wurde der Bahnhof durch den Brand eines Öltankers beschädigt aber wieder instandgesetzt. Im November 2010 wurde das Dach und der 4. Stock durch einen Brand zerstört.

Karaagaç und der erste Bomber

Im Ersten Balkankrieg (Oktober 1912 - Mai 1913) kämpften Serbien, Montenegro, Bulgarien und Griechenland gegen das Osmanische Reich. Dabei warf ein bulgarischer Pilot die erste Flugzeugbombe in einem Krieg ab (und wurde damit zum ersten Bomberpiloten der Geschichte) und zwar auf den türkischen Bahnhof von Karaagaç in der Nähe von Edirne.

Karaagaç liegt am westlichen Ufer des Flusses Evros (türkisch: Meric) und der Fluss bildete später die Grenze zu Bulgarien und dann zu Griechenland. Karaagaç blieb als Vorort von Edirne trotzdem bei der Türkei, ein neuer Bahnhof musste jedoch östlich des Flusses gebaut werden, da der alte Bahnhof von Karaagaç durch die Grenzziehung vom übrigen Land abgeschnitten war. Im alten, mittlerweile restaurierten Bahnhof findet sich heute eine Universität und im abgestellten Dampfzug auf den Gleisen hat sich ein Restaurant etabliert.

Izmit und die Steinmetze

Deutsche, Engländer, Franzosen und sogar auch Belgier haben bei der Entstehung des türkischen Eisenbahnnetzes eine wichtige Rolle gespielt. Doch was ist mit den Italienern? Als das Empfangsgebäude des Bahnhofs von Izmit gebaut wurde, werkelten immerhin italienische Steinmetze an der Fassade. Nachdem am Stadtrand ein neuer Bahnhof errichtet wurde beherbergt der historische Bahnhof von Izmit mittlerweile ein Restaurant. Vor dem Bahnhof liegen aber noch Gleise mit einer Dampflok, die an alte Zeiten erinnert.

Als Atatürk im November 1938 starb wurde sein Leichnam vom Dolmus-Palast per Schiff nach Izmit gebracht. Von dort ging es mit einem speziellen Zug, der an vielen Zwischenhalten Station machte, damit das Volk von ihm Abschied nehmen konnte, nach Ankara weiter.

7.3 Zentralanatolien und Adana

Die Zahl auf dem Bahnhofsdach

Auf dem Dach des Hauptbahnhofs von Ankara ist eine in Neonleuchtziffern ausgeführte Zahl zu sehen, die jedes Jahr abgeändert wird. Voraus gehen die Buchstaben TCDD und hinter der Zahl steht *Yil*. Was hat es damit auf sich? TCDD ist die staatliche türkische Eisenbahngesellschaft, *Yil* heißt Jahre, und die Zahl gibt die Jahre an, die seit 1856 vergangen sind, dem Jahr, in welchem die erste Eisenbahn in der Türkei fuhr. Im Jahre 2011 ist also zu lesen ‚*TCDD: 155 Jahre*', obwohl es die TCDD eigentlich erst seit 1927 gibt.

Ankara Hauptbahnhof - Atatürks erste Bleibe

Kemal Atatürk, der Vater der modernen Türkei, residierte nach seiner Ankunft in der neuen Hauptstadt Ankara 1919-1921 im Haus des Bahnhofsvorstehers am Bahnsteig 1. In diesem Haus befand sich eine Telegraphenstation, wovon Atatürk rege Gebrauch machte, um sein Land zusammenzuhalten. Atatürks Bahnwaggon aus deutscher Produktion, ein Geschenk Adolf Hitlers, hatte spezielle Antennen für den Telegraphenverkehr und kann im Bahnhof besichtigt werden.

Gazi und Atatürks Musterbetriebe

In Gazi bei Ankara ließ Atatürk landwirtschaftliche Musterbetriebe anlegen, die die Türken mit moderner Agrikultur vertraut machen sollten. Ein kleiner Bahnhof wurde gebaut, um die Anreise zu erleichtern. In seinen letzten Jahren stieg Atatürk immer öfter statt im Hauptbahnhof Ankaras in diesem kleinen, aber feinen Bahnhof aus. Heute ist Gazi eine S-Bahn-Station Ankaras. Das Empfangsgebäude wurde im Jahr 2000 originalgetreu restauriert und beherbergt heute ein Restaurant. Die Besichtigung aller Räume ist möglich.

Behiç Erkins Grab im Bahnhof von Eskisehir

Behiç Erkin (1876-1961) war der erste Generaldirektor der Vorgängerorganisation der 1927 gegründeten staatlichen türkischen Eisenbahngesellschaft TCDD. Während des *Türkischen Befreiungskrieges* (1919-1923) übernahm Erkin im zentralen Eisenbahnknotenpunkt Eskisehir die Kontrolle über die sich damals noch in ausländischer Hand befindlichen Eisenbahnen und verstaatlichte sie. Als 1934 Familiennamen für türkische Staatsbürger Pflicht wurden verlieh Kemal Atatürk Behiç den Familiennamen Erkin, was *selbständig, unabhängig* bedeutet. Nach 1928 war Erkin als Diplomat tätig, ab 1939 in der türkischen Botschaft in Paris. Dort stellte er für türkische Staatsbürger jüdischer Herkunft Papiere aus, die bestätigten, dass sie Türken seien; er ging dabei sehr großzügig vor und erreichte, dass mehr als 18 000 Juden unbehelligt blieben und teilweise per in die Türkei ausreisen konnten. Behiç Erkin gilt dadurch als eine Art türkischer Schindler. 1961 starb Erkin in Istanbul und wurde seinem Wunsch gemäß, Eisenbahner, der er im Herzen geblieben war, im Bahnhofsgelände von Eskisehir begraben.

Ismet Pascha und der Bahnhof von Inönü

Im Griechisch-Türkischen Krieg kam es im Januar 1921 zur Schlacht von Inönü. Die türkischen Truppen hatten sich dabei am Bahnhof von Inönü unweit von Eskisehir verschanzt. Der Kommandeur der türkischen Westfront Ismet Pascha, gab sich später in Erinnerung an diese Ereignisse den Nachnamen Inönü. Er wurde nach dem Tod Atatürks 1938 zweiter Staatspräsident der Türkei.

Das Treffen in Yenice

Im Januar 1943 fand in einem Eisenbahnwaggon in einem abgelegenen Bahnhof in der Nähe von Adana, ein Geheimtreffen zwischen dem britischen Premierminister Churchill und dem türkischen Staatspräsidenten Ismet Inönü statt. Churchill wollte die Türkei dazu bewegen, in den Krieg gegen Deutschland einzutreten und auf dem Balkan eine zweite Front zu eröffnen. Inönü wollte sich jedoch nicht in den Krieg ziehen lassen und blieb bei der neutralen Haltung der Türkei. So reiste Churchill mit leeren Händen ab. Eine Gruppe junger Internatsschüler in einem wartenden Zug in einem Bahnhof bekam Wind von dem bedeutenden Treffen. Besonders der Schüler Sudi Abac war beeindruckt, auch von der Haltung seines Staatspräsidenten. Viele Jahre später machte er sich auf die Suche nach dem verschollenen Eisenbahnwaggon, doch erst in den 1990er Jahren konnte er ihn aufspüren. Er ließ den Waggon restaurieren und in den Friedenspark von Yenice bringen, wo er noch heute besichtigt werden kann. Im Bahnhof von Yenice wiederum erinnern Photographien an das Treffen der beiden Staatsmänner.

Afyonkarahisar

Afyon ist das türkische Wort für *Opium* und weil in der Gegend Mohn angebaut wurde hieß diese türkische Provinz und ihre Hauptstadt, die ein wichtiger Eisenbahnknoten in Westanatolien ist, früher *Afyon*. Doch weil Opium kein guter Name für eine Stadt ist, wurde der Ort vom türkischen Parlament 2004 offiziell in Afyonkarahisar (‚Opium schwarze Burg') umbenannt. Auf dem Bahnhofsgebäude wollte man ebenfalls kein Schild mit der Aufschrift *Opium* haben und benannte die Station deshalb nach dem ersten türkischen Verkehrsminister *Ali Cetinkaya*, der sich um die Eisenbahn verdient gemacht und mehr als 1000 km Bahnstrecken hatte bauen lassen.

Von Burdur nach Antalya

Die Türkei hat eine für den Eisenbahnbau ungünstige Topografie, mit Gebirgszügen, die wellenförmig in West-Ost-Richtung verlaufen und die Bahn zu Umwegen zwingen. Wegen der bewegten Topografie gibt es keine Bahnlinie, die die Schwarzmeerküste oder den Vansee entlangführt. Da ein großer Teil des Bahnnetzes erst gebaut wurde, als mit dem motorisierten Straßenverkehr bereits ein alternativer Verkehrsträger zur Verfügung stand wurden zwar geplante, aber topographisch schwierige und darum teure Verbindungen schließlich nicht mehr verwirklicht. Dazu gehört die Verbindung der isolierten Strecke Eregli-Amutcuk am Schwarzen Meer mit Zonguldak oder die geplante Linie von Burdur im anatolischen Hochland ins 900 Meter tiefer gelegene Antalya am Mittelmeer.

Antalya war zur Zeit des türkischen Bahnbaus eine recht kleine Stadt und hatte auch 1950 erst 28 000 Einwohner. Doch mit dem wachsenden Urlauberverkehr sollte sich die Einwohnerzahl in der Folgezeit mit jedem Jahrzehnt verdoppeln. Dazu hat auch der Flughafen der Stadt beigetragen, der sich für ihre Entwicklung als wichtiger erwies als ein Bahnhof. Heute hat Antalya etwa 800 000 Einwohner - eine Fast-Millionenstadt ohne Bahnhof. Schienenverkehr gibt es aber immerhin seit 1997 in der Stadt. Ein Straßenbahnsystem wurde eingerichtet, welches mit gebraucht aus Nürnberg erworbenen Straßenbahnfahrzeugen betrieben wird.

Burdur selbst ist heute durch eine Stichstrecke an das türkische Bahnnetz angeschlossen. Im Jahr 1973 wurde dem englischen Archäologen Mitchell ein Stein mit einer Inschrift gebracht, der am Bahnhof von Burdur gefunden worden war. Dabei stellte sich heraus, dass es sich um ein Edikt des römischen Kaisers Tiberius aus dem Jahre 15 n.Chr. handelte, das den Transport durch das Gebiet der bei Burdur gelegenen antiken Stadt Sagalassos regelte

7.4 Raum Bursa

Mudanya und das Hotel

Bis 1948 gab es eine Bahnverbindung von der am Marmarameer gelegenen Hafenstadt Mudanya, wo Schiffe aus Istanbul ankamen, nach Bursa, einst Hauptstadt des Osmanischen Reiches. Die Osmanische Regierung versuchte erst, die Strecke in Eigenregie zu bauen, ohne Konzessionen an ausländische Firmen vergeben zu müssen. Doch nachdem die Arbeiten aufgrund von Kapitalmangel kaum vorankamen, wurde das Projekt 1874 von französischen Auftragnehmern übernommen, welche die Bahnlinie innerhalb eines Jahres fertig stellten. Doch die Bahn konnte dennoch nicht eröffnet werden, da britische Lokomotiven mit der falschen Spurweite geliefert wurden. Im Januar 1891 erwarb der belgische Reiseunternehmer George Nagelmackers, der auch die Bahnverbindung, die später Orient-Express genannt wurde, initiierte, schließlich für 27 000 £ die Strecke, gründete die *Chemin de Fer de Moudania-Brousse* (Bursa) und ließ die Streck auf 1000 mm umspuren. Doch die Bahnlinie war kaum profitabel, denn es wurde versäumt Bursa an das übrige Eisenbahnnetz anzuschließen. Im Jahre 1932 übernahm die staatliche Bahngesellschaft TCDD die Strecke, legte sie aber bereits 16 Jahre später wieder still. Der am Hafen liegende Bahnhof von Mudanya, wo früher in die Schiffe umgestiegen werden konnte, ist heute ein Mittelklassehotel mit guter Aussicht auf das Marmarameer.

Bursa Acemler

Bursa, einst Hauptstadt des Osmanischen Reiches und Antalya sind heute zwei türkische Großstädte ohne Anschluss and den Schienenfernverkehr. In Bursa gab es immerhin einst einen Bahnhof und dort gibt es mittlerweile eine Stadtbahn, während Antalya niemals einen Bahnhof hatte.

Zum Bahnhof Bursa Acemler berichtet die Webseite des Ministeriums für Kultur und Tourismus der Türkei folgende Anekdote. Als die belgische *Chemin de Fer de Moudania-Brousse* 1892 den Bahnhof von Bursa Acemler eröffnete, zeigte der ausgehängte Fahrplan Stunden, wie sie in westeuropäischer Zeitmessung üblich waren. Damals galt in der Türkei jedoch eine eigene Zeitmessung, bei welcher Tag und Nacht in jeweils 12 Stunden eingeteilt wurden, deren Länge sich nach Jahreszeit veränderte. Die Bahngesellschaft hing deshalb im September 1892 eine Notiz auf, die Fahrgäste darauf aufmerksam machte, dass die Fahrpläne nach westeuropäischen Stunden ausgerichtet waren. Doch schließlich musste man den Gewohnheiten der örtlichen Bevölkerung nachgeben und die Abfahrtszeiten in türkischen Stunden angeben.

Das Waisenmädchen im Bahnhof von Bursa

Im Jahre 1925 kam im Bahnhof von Bursa ein bildungshungriges Waisenmädchen auf Atatürk zu (bildungshungrig war das Mädchen vielleicht auch deshalb, weil ihr verstorbener Vater örtlicher Stadtschreiber gewesen war). Sie fragte, ob er ihr nicht helfen könne, ein Internat zu besuchen. Am 22 September 1925 adoptierte der Kinderfreund Atatürk (‚Kinder sind ein neuer Anfang und Zukunft' soll er gesagt haben) das Mädchen Sabiha. Sabiha durfte mit den 3 anderen Adoptivtöchtern in seiner Residenz in Ankara wohnen und später die Mädchenschule in Istanbul besuchen. 1934 wurde in der Türkei Nachnamen obligatorisch und Sabiha wurde Gökcen (die zum Himmel gehört) genannt. Ein Jahr später nahm Atatürk Sabiha zur Eröffnung der ersten türkischen Flugschule mit. Sabiha zeigte Begeisterung für die Luftfahrt und durfte mit

7 männlichen Studenten nach Moskau, um das Fliegen zu lernen. 1936 ging sie zur türkischen Luftwaffenakademie und wurde zur ersten türkischen Pilotin einer Militärmaschine. 1937 nahm sie an einer Militäroperation teil und wurde damit zur ersten Kampfpilotin weltweit. Sogar am Koreakrieg nahm die ‚Amazonin der Lüfte' teil. Als die United States Airforce 1996 das Poster ‚*The 20 Greatest Aviators of History*' publizierte, war Gökcen als einzige Frau darauf abgebildet.

Sabiha Gökcen starb am 22. März 2001 an ihrem 88. Geburtstag. Im selben Jahr wurde der auf der asiatischen Seite liegende zweite Flughafen von Istanbul (der Flughafen im europäischen Teil heißt Atatürk-Flughafen) nach Sabiha Gökcen benannt.

Balikeshir und die 4 Sprachen

Am Empfangsgebäude des Bahnhofs von Balikeshir sind arabische Schriftzeichen zu sehen. Dabei handelt es sich um ein Überbleibsel aus der Frühzeit der türkischen Eisenbahn. Im Osmanischen Reich wurde nämlich mit arabischen Lettern geschrieben, erst Atatürk ließ 1928 auf lateinische Schrift umstellen. Aber bereits damals schon hatten die Bahnhofsschilder neben arabischen auch lateinische Buchstaben, die die französische Version des Stadtnamens wiedergaben. Denn Französisch war damals internationale Verkehrssprache. Am vom Französischen *gare* abgeleiteten türkischen Wort *gar* für Bahnhof (ein anderes Wort für bahnhof ist *tren istasyonu*, vom Englischen *train station*) ist dies noch zu erkennen und so stehen denn auch die Lettern Balikesir Gar auf der Bahnhofsfassade des Ortes. In Balikesir ist mit der letzten Bahnhofssanierung eine weitere Sprache hinzugekommen: Englisch. Informationstafeln in Türkisch und Englisch zeigen den Weg zum Fahrkartenschalter und zum Wartesaal.

7.5 Schwarzmeerküste

Zonguldak und die Kohle

Das Bahnhofsschild von Zonguldak zeigt gleich zweimal französischen Spracheinfluss. Neben dem Gar ist es der Stadtname selbst, welcher französisch geprägt ist. Zwei Denkmale in der Stadt zeigen den Grund. In der Innenstadt von Zonguldak befindet sich ein Monument auf dem Schienen zu sehen sind. Dabei ist jedoch kein Bahnhof dargestellt, sondern ein Kohlebergwerk, in welchem Schienen liegen. Ein weiteres Denkmal in der Stadt zeigt Uzun Mehmet, der in der Gegend erstmals Steinkohle fand. Mehmet reiste 1829 mit dem Schiff nach Istanbul, um seien Entdeckung zu zeigen. Er erhielt aus Anerkennung von der Regierung eine lebenslängliche Rente, hatte aber wenig davon, denn schon bald wurde er ermordet. 1835 wurde in Zonguldak von kroatischen Bergleuten, welche von der österreichischen Regierung geschickt wurden, mit dem Abbau der Kohle begonnen. Auch französische und belgische Bergbaugesellschaften waren hier bald tätig und diese haben der Stadt ihren Namen gegeben denn sie nannten sie nach dem örtlichen Göldagi Berg *Zone Geul-Dagh*, daraus wurde später Zonguldak. Um dieses Kohlegebiet mit dem Hinterland zu verbinden, wurde nach Inneranatolien eine Bahnlinie gebaut. Unweit von Zonguldak entstand an dieser Bahnlinie Karabük, das Ruhrgebiet der Türkei und ein Zentrum der türkischen Stahlindustrie.

Der Temel-Witz

Die Lazen, ein kaukasisches Volk an der östlichen türkischen Schwarzmeerküste, gelten als Ostfriesen der Türkei. Protagonist der Witze ist der Laze Temel. Sogar einen Temel-Bahnhofswitz gibt es.

Eines Tages geht Temel sehr früh zum Bahnhof, um eine Fahrkarte zu kaufen. Er geht an den Bahnschalter und sagt ‚*Eine Fahrkarte bitte*'. Der Bahnbeamte ist sehr beschäftigt, denn er liest eine Zeitung und antwortet, ohne aufzuschauen, ‚*Bitte hinten anstellen*'. Temel dreht sich um, aber niemand sonst ist im Bahnhof. Deshalb wiederholt er ‚*Eine Fahrkarte bitte*'. Der Bahnbeamte wiederholt wiederum ‚*Bitte hinten anstellen*'. Wieder schaut sich Temel um, doch immer noch ist niemand sonst im Bahnhof. Zum dritten Mal sagt er ‚*Eine Fahrkarte bitte*'. Der Bahnbeamte wiederholt, ohne aufzuschauen ‚*Ich sagte doch, hinten anstellen*'. Jetzt langt es Temel und er scheuert dem Fahrkartenverkäufer eine. Dieser ist verdutzt und sagt ‚*Wer war das?* ' Darauf Temel: „*Wie soll ich das wissen, wo der Bahnhof doch so überfüllt ist*".

Ein entsprechender Bahnhof zum Lazen-Witz fehlt allerdings in Wirklichkeit, denn an der ganzen Nordostküste der Türkei gibt es keine einzige Bahnstation.

Samsun-Carşamba

1924 erhielt die Tabakbaronfamilie Zade vom türkischen Staat eine 75-Jahre Konzession für den Bau einer 750 mm Schmalspurbahn am Schwarzen Meer von Alacam über Samsun nach Terme. Doch wurde später nur das Teilstück Samsun-Carşamba verwirklicht. Am Dienstag den 21. September 1924 setzte Atatürk mit einer silbernen Schaufel den ersten Spatenstich. Eigentlich hätte er einen Tag warten müssen, denn Carşamba, Endstation der Strecke, ist das türkische Wort für Mittwoch.

Mit der Weltwirtschaftskrise gerieten die Tabakbarone in ökonomische Schwierigkeiten und schließlich musste 1929 der Staat die 1926 eröffnete Strecke übernehmen. Diese 37 km lange Bahnstrecke war zeitweise die letzte Schmalspurlinie der Türkischen Eisenbahn. 1971 wurde sie stillgelegt.

7.6 Der Osten der Türkei

Batman

Der Bahnhof der osttürkischen Stadt Batman ist nichts Besonderes, nur das Stationsschild lässt schmunzeln, denn Batman ist ja auch ein Comicheld.
Hier im kurdisch besiedelten Osten sind Namen teilweise ein Politikum. Als der kurdischstämmige Bürgermeister Hüseyin Kalkan Straßen der Stadt nach Freiheitskämpfern wie Mahatma Gandhi nennen lassen wollte, versagte ihm dies die Zentralregierung, die darin versteckte kurdische Autonomiebemühungen sah. Kalkan führte später selbst eine Kampagne gegen einen Namen. Im Frühjahr 2009 wollte er eine Klage gegen den US-Regisseur Christopher Nolan einreichen, welchen er beschuldigte, den Namen seiner Stadt im Batman Film *The Dark Night* widerrechtlich verwendet zu haben. Übrigens hieß die nach dem Fluss Batman benannte Stadt als sie 1938 gegründet wurde *Iluh*. Schon ein Jahr später gab es den Comichelden Batman. 1942 bekam die Stadt Eisenbahnanschluss und auf dem Bahnhofsschild stand der Ortsname *Iluh*. 1943 kam bereits der erste Batman-Film in die Kinos. Erst in den 1950er Jahren, als Öl gefunden wurde, wuchs das kleine Nest zu einer richtigen Stadt heran, die 1957 nach dem örtlichen Fluss in Batman umbenannt wurde.

Kars - der russische Bahnhof

Die Stadt Kars liegt ganz im Osten der Türkei, unweit der Grenze zu Armenien. Früher war dies die Grenze zum Russischen Reich. Kars verfügte über eine Festung, die mehreren Belagerern standhielt. Doch 1828 wurde sie erstmal von den Russen erstürmt. Im Krimkrieg 1855 zwangen die Russen Kars wieder zu einer Kapitulation. Nachdem im Russisch-Türkischen Krieg von 1877-78 Kars erneut von den Russen erobert wurde, mussten die

Türken Kars im Vertrag von San Stefano an Russland abtreten. In den Folgejahren bekam Kars architektonisch ein russisches Gepräge mit orthodoxen Kirchen, geradlinigen Straßenblöcken und einem Bahnhof, der vom Stil her auch in einer größeren russischen Provinzstadt hätte stehen können. Doch 1918 verlor Russland durch den Frieden von Brest-Litowsk Kars wieder an die Türken. In den Folgejahren wurden sukzessive die Spuren der russischen Jahrzehnte beseitigt. Aus den orthodoxen Kirchen wurden Moscheen und schließlich wurde in den 1970er Jahren der von den Russen gebaute Bahnhof abgerissen und durch ein modernes türkisches Gebäude ersetzt. Da die Bahnlinie von Kars nach Armenien seit 1990 aus politischen Gründen geschlossen ist, gibt es heute das Projekt einer neuen Bahnlinie, die Kars-Tblisi-Baku-Eisenbahn, welche die Osttürkei über Georgien mit dem ölreichen Aserbaidschan verbinden soll. Mit dem Bau der neuen Bahnlinie ist bereits begonnen worden.

Malatya und das Art Deco Design

In der osttürkischen Stadt Malatya findet sich überraschenderweise ein stilechter Art Deco-Bahnhof.
Dieser wurde 1931 von der dänischen Firma Nyquist& Holm (Nohab) im Zuge des Baus einer Bahnlinie von Fevzipasa nach Diyarbakir der Zeitmode, aber nicht unbedingt der lokalen Bautradition entsprechend, errichtet.

Tatvan und Van

Die Topographie um den Vansee im Osten der Türkei ist so schwierig, dass gar keine Schienen verlegt wurden. Die Fernzüge nach Teheran fahren bis Tatvan am Westufer des Sees. Dort wird in eine Fähre umgestiegen und in Van am Ostufer geht es dann mit dem Zug weiter. Wegen der geringen Zugfrequenzen gibt es bisher keine konkreten Pläne für eine Bahnlinie am Seeufer entlang.

8. Sibirien und Zentralasien

8.1 Sibirien

Nurejews Geburt

Der Geburtsort des Tänzers Rudolf Nurejew (1938-1993) wird manchmal mit Irkutsk angegeben, doch das stimmt nur ungefähr. Denn Nurejews hochschwangere tartarische Mutter wollte bei der Geburt bei ihrem Mann sein, der als Offizier der Roten Armee in Wladiwostok stationiert war. So machte sie sich mit der Transsibirischen Eisenbahn Richtung Pazifik auf. Doch im Zug setzten die Wehen ein. Und Nurejew, der als *größter Tänzer des 20. Jahrhunderts* gilt, wurde (am 17. März 1938) im Zug geboren, noch ehe der Bahnhof von Irkutsk erreicht war.

Jekaterinburg (Vokzal)

Jekaterinburg (1924-1991 Swerdlowsk) liegt an der Ostseite des Uralgebirges, nur 40 km von der im Ural verlaufenden Trennlinie Europa-Asien. Die Brückenlage zwischen Asien und Europa zeigt sich auch im Bahnhof, in welchem zwei allegorische Figuren Europa und Asien darstellen.

Jekaterinburg-Shartash

Im Sommer 1918 stieg im Shartash-Bahnhof von Jekaterinburg aus einem Zug von Tobolsk, die russische Zarenfamilie aus. Die Bolschewiken wollten eine Ankunft am Hauptbahnhof (Vokzal) und einen entsprechenden Menschenauflauf vermeiden, denn die Sache sollte möglichst ohne viel Aufhebens abgewickelt werden. Am 17. Juli 1918 wurden Zar Nikolaus II und seine Familie auf Anweisung Lenins erschossen.

Nowosibirsk

Der in den 1930er Jahren gebaute Bahnhof von Nowosibirsk ist der größte der Transsibirischen Eisenbahn. Dass er noch zur Dampflokzeit errichtet wurde, wird an der Fassade deutlich. Das Empfangsgebäude ist in seinen Umrissen dem Profil einer Dampflokomotive nachempfunden.

☞ Nowosibirsk, heute drittgrößte Stadt Russlands, wurde 1893 gegründet und hieß bis 1925 nach dem letzten Zaren Nowonikolayewsk.

Sludjanka - der Marmorbahnhof

Der Bahnhof von Sludjanka an der Transsibirischen Eisenbahn gilt als einziger aus Marmor gebauter Bahnhof der Welt, er hat deshalb auch den Beinamen *Marmorbahnhof*. In der Nähe der Stadt befindet sich ein Marmorsteinbruch, der Marmor wird u.a. für Grabsteine verwendet. Mit dem Bahnhof aus Marmor wollte man den Fortschritt beim Bau der Transsib feiern. Alle Bahnhöfe an der Transsib zeigen übrigens zur Orientierung der Fahrgäste statt Ortszeit Moskauer Zeit an.

Birobidschan

Im Jahre 1928 wurde im Osten der Sowjetunion an der Grenze zu China ein *Jüdisches Autonomes Gebiet* eingerichtet. Stalin verfolgte mit der Errichtung eines ´sowjetischen Zions´ verschiedene strategische Ziele, wie die Schaffung einer Pufferzone zu China, die Erschließung von Rohstoffen und die wirtschaftliche Entwicklung des kaum besiedelten Landstriches. Innerhalb von 10 Jahren sollten 150 000 Juden angesiedelt werden. Doch diese Zahlen wurden nie erreicht und nach dem Zerfall der Sowjetunion wanderten viele der jüdischen Bewohner nach Israel, Deutschland und Nordamerika ab.

Hauptstadt dieses Gebietes, welches 1898 von der Transsibirischen Eisenbahn erreicht wurde, ist Birobidschan. Der dortige Bahnhof dürfte der einzige weltweit sein, der den Namen der entsprechenden Stadt in kyrillischen und in hebräischen Schriftzeichen zeigt.

Wladiwostok

Seit 1903 verbindet die Transsibirische Eisenbahn die Pazifikstadt Wladiwostok mit dem 9288 Schienenkilometer entfernten Moskau. Der Bahnhof von Wladiwostok gilt als Kopie des 1902-1904 von Fyodor Schechtel erbauten Jaroslawl-Bahnhofs von Moskau. Dieser ist der Ausgangspunkt der Transsibirischen Eisenbahn. Nach der russischen Revolution ließen es sich die Kommunisten nicht nehmen, dem Doppeladler an der Fassade des Wladiwostoker Bahnhofs die Köpfe abzusägen. Wostok ist übrigens das russische Wort für Osten, Wladi ist der Herrscher, der Stadtname bedeutet also so viel wie `Beherrsche den Osten´. Wladiwostok ist jedoch nicht, wie man meinen könnte, der östlichste Bahnhof der Transsib, sondern der südlichste. Östlichste Station ist die nach dem Kosaken Chabarow benannte Stadt Chabarowsk.

Nachodka

Zu Zeiten des Kalten Krieges war Wladiwostok für Ausländer Sperrgebiet. Die Fähren nach Japan fuhren vom zweiten Endpunkt der Transsib ab, vom Hafen Nachodka also. Der amerikanische Schriftsteller Paul Theroux meinte in seinem 1975 erschienenen Reisebuch `The Great Railway Bazaar´, der Bahnhof Nachodkas hätte Stuckwände und *die Ausmaße des Irrenhauses von Kabul*.

8.2 Zentralasien

Taschkent und der *Uzbek Express*

Der deutsche Regisseur Veit Helmer (*1968) drehte 2001 in Zusammenarbeit mit dem Goethe-Insitut von Taschkent (usbekisch: Toschkent) und örtlichen Filmhochschulstudenten im Hauptbahnhof der Stadt den Kurzfilm *Uzbek-Express* (ein Video findet sich auf *Youtube*). Damals hatte der nach dem verheerenden Erdbeben von 1966 erbaute Bahnhof noch viel Sowjetflair. Nach einem Umbau im Jahr 2007 wirkt er heute jedoch viel usbekischer, lateinische statt kyrillische Lettern zeigen den Bahnhofsnamen.

Gila

Der usbekische Journalist Hamit Ismailov (*1954) schrieb 1997 den 2006 ins Englische übersetzten Roman ‚*The Railway*'. Darin steht der Bahnhof der fiktiven usbekischen Kleinstadt Gila im Mittelpunkt, an dem sich das Schicksal des Ortes im Verlauf des 20. Jahrhunderts aufzeigt. Zeitweise dient der Bahnhof im Roman als kommunistische Parteizentrale des Ortes.

Bischkek und Frunse

Vor dem Bahnhof von Bischkek, der Hauptstadt von Kirgisistan steht ein Frunse-Denkmal. Michail Wassiljewitsch Frunse war ein Heerführer im russischen Bürgerkrieg. Er war der Sohn eines rumänischstämmigen Bauern aus Bessarabien und wurde 1885 in Bischkek geboren. 1925 starb er während einer Magenoperation und es gibt das Gerücht, Stalin hätte beim Tode dieses Rivalens die Hand im Spiel gehabt. Als 1926 die Sowjetrepublik Kirgisistan gegründet wurde, wurde deren Hauptstadt in Frunse umbenannt. Seit 1991 heißt die Stadt und ihr Bahnhof allerdings wieder Bischkek. Frunses Denkmal steht jedoch weiterhin vor dem Bahnhof.

9. Ozeanien

Das australische Eisenbahnnetz ist nicht einheitlich geplant worden. Es gibt drei Spurweiten 1067 mm Schmalspur (Kapspur), Normalspur und 1600 mm Breitspur und die meisten Eisenbahnlinien in Australien gehören den Bundesstaaten. Weil das Land rohstoffreich ist und die Distanzen groß sind, spielt die Eisenbahn im Güterverkehr jedoch eine wichtige Rolle. Da der Gütertransport die Infrastruktur finanziert, besteht sogar noch regelmäßiger Personenfernverkehr. Und dies sogar auf Relationen wie Adelaide-Perth (mit allerdings wenigen Zügen, denn die Fahrgastzahlen sind eher gering). Jedoch hat der Eisenbahnnahverkehr in Ballungsräumen wie Sydney und Melbourne, wo er teilweise mit unterirdischen innerstädtischen Strecken die Funktion einer U-Bahn übernimmt, eine erhebliche Bedeutung. Auch in Städten wie Perth und Brisbane ist der Schienennahverkehr durch Ausbau des Streckennetzes am Wachsen. Durch den gut funktionierenden Nahverkehr beträgt das Eisenbahnverkehrsaufkommen immerhin etwa 400 Millionen Personen pro Jahr.
In Neuseeland, von den Entfernungen eigentlich ein Eisenbahnland, gibt es durch die geringe Bevölkerungsdichte nennenswerten Schienenpersonenverkehr nur in den Ballungsräumen Auckland und Wellington. Dazu kommen wenige Fernstrecken, die die Privatisierung der Eisenbahn überlebt haben und welche vor allem dem Tourismus dienen. Die neuseeländischen Eisenbahnen transportieren insgesamt nur etwa 10 Millionen Fahrgäste pro Jahr.
Anfang des 20. Jahrhunderts versuchten sich die wichtigsten Städte des Landes mit spektakulären Bahnhofsgebäuden gegenseitig zu übertrumpfen, was zu interessanter Bahnhofsarchitektur geführt hat.

9.1 Australien

Melbourne Flinders Street Station

Melbourne, die Hauptstadt des Bundesstaates Victoria, hat einen recht europäischen Charakter. Während in vielen anderen Städten der Südhalbkugel der Straßenverkehr dominiert, spielt in Melbourne der Schienenverkehr noch eine wichtige Rolle. 3/4 der betriebenen Straßenbahnschienen der südlichen Hemisphäre liegen in dieser Stadt (343 km). Auch das zwischen 1905 und 1910 erbaute Empfangsgebäude von Melbourne, die Flinders Street Station, hat als Bahnhof für den Vorortverkehr noch eine erhebliche Bedeutung. Der Bahnhof gilt mit 1500 Zügen pro Werktag als der verkehrsreichste der Südhalbkugel (andere Bahnhöfe haben jedoch mehr Passagiere). Bahnsteig 1 ist mit einer Länge von 708 Metern sogar der viertlängste der Welt. Das Empfangsgebäude ist zudem eine wichtige Landmarke und ein beliebter Treffpunkt der Melbourner, die sagen *"I'll meet you under the clocks"*. Dies bezieht sich auf eine Uhrenreihe über dem Haupteingang, die die Abfahrtszeiten der wichtigsten Linien anzeigt. Als die Uhren bei einer Sanierung des Bahnhofs durch digitale ersetzt wurden, ging ein Aufschrei durch die traditionsbewusste Stadt. Daraufhin wurden die alten analogen Uhren rasch wieder installiert.

Melbourne Batman

Die Stadt Melbourne wäre einst fast Batmania genannt worden, denn sie wurde durch den Farmer John Batman gegründet. Batman ging dadurch in die Geschichte ein, dass er, anders als damals üblich, mit den Aborigines einen Vertrag über die Nutzung von Land abschloss. Das Gebiet, wo heute Melbourne liegt, pachtete Batman von den Aborigines für 40 Decken, 30 Äxte, 100 Messer, 50

Scheren..., 100 Pfund Mehl und 6 Hemden und nannte es Batmania. Für die spätere Stadt setzte sich dieser Name jedoch nicht durch. Immerhin wurde später in Melbourne ein Bahnhof nach ihm benannt, die Batman Station, die es noch heute gibt. Eine Stadt namens Batman (mit Bahnhof) gibt es übrigens im Osten der Türkei.

Melbourne Southern Cross

Melbournes neuer Bahnhof Southern Cross (Kreuz des Südens, ehemals Spencer Street Station) wurde im Jahr 2006 zu den Commonwealth Spielen eröffnet. Seine Architektur wurde 2007 vom *Royal Institute of British Architects* mit dem *Lubetkin-Preis* für das außergewöhnlichste Gebäude außerhalb Europas ausgezeichnet.

Sydney Central

Wie Melbourne hat Sydney keine U-Bahn, aber ein ausgedehntes Vorortbahnnetz, das in der Innenstadt (wie S-Bahnen in deutschen Städten) unterirdisch verläuft und so teilweise die nicht vorhandene U-Bahn ersetzt. Auf den 1906 erbauten Bahnhof Sydney Central mit seinem 75 m hohen neogotischen Glockenturm sind die Sydneyer stolz. Allerdings birgt der Bahnhof ein düsteres Geheimnis: Er entstand auf dem Gelände eines Friedhofes. Die Toten wurden im Jahre 1901 exhumiert, um Platz für den Bahnhof zu schaffen.

Sydney Redfern

Bereits 1855 war ein erster Bahnhof in Sydney im Stadtteil Redfern eröffnet worden. Noch heute gibt es eine *Redfern Station*. Weil diese nur wenige km von der Endstation Sydney Central liegt, wird im Australischen der Ausspruch „getting off at Redfern" als eine Umschreibung für *Coitus Interruptus* benutzt.

Rookwood Cemetary Station N°1

17 km vom Stadtzentrum Sydneys entfernt liegt der große Rookwood-Friedhof, die größte multireligiöse Begräbnisstätte der Südhalbkugel. Am Friedhof führt eine Bahnlinie vorbei und einst gab es sogar 3 Friedhofsbahnhöfe, die von regelmäßig verkehrenden Friedhofszügen mit Sydney verbunden wurden. Der markanteste von ihnen, die neogotische *Haslem's Creek Cemetary Station*, später *Necropolis* und schließlich *Cemetary Station N°* 1 genannt, wurde 1948 geschlossen und in der australischen Hauptstadt Canberra 1958 als Allerheiligenkirche wieder aufgebaut.

Der bescheidene Bahnhof Canberras

Sydney und Melbourne gelten als große Städterivalen. Da beide Städte einst die Hauptstadtfunktion für sich beanspruchten, wählte man schließlich als Kompromiss einen zwischen beiden Städten gelegenen neue Hauptstadt-Standort. Diese neue Hauptstadt Canberra sollte bescheiden auftreten. Dies wird auch am im Stadtteil Kingston gelegenen Bahnhof Canberras deutlich, der die Anmutung einer unscheinbaren Vorortstation hat.

Port Pirie

Einer der architektonische markantesten Bahnhöfe Australiens befindet sich in der südaustralischen Stadt Port Pirie. Port Pirie wurde durch seine Bodenschätze wohlhabend, im Ort findet sich die weltweit größte Bleischmelze. Durch Port Pirie verläuft eine zentrale Ost-West-Eisenbahnachse Australiens, so dass viele Güterzüge den Ort durchqueren. Um nicht im alten Bahnhof Kopf machen zu müssen, wurde am Stadtrand eine Gleisverbindung gebaut, so dass der alte Bahnhof Piries seine Bahnfunktion verlor. Er beherbergt mittlerweile ein Kunstmuseum.

Alice Springs und The Ghan

Von 1929 bis 1980 war das im Herzen des australischen Kontinents gelegene Alice Springs nur durch eine Schmalspurlinie (1067 mm) zu erreichen. Heute erinnert ein Museum an die alten Züge. Das Museum befindet sich in einem Bahnhof, der extra für diesen Zweck errichtet wurde. Dabei nutzte man die Pläne eines für Alice Springs vorgesehenen Bahnhofs aus dem Jahre 1930, die jedoch nicht verwirklicht wurden. Auf dem Bahngelände befindet sich zudem ein Fels, mit dem sich eine Aborigine-Legende eines Hundemenschen verbindet. Reiben ältere Aborigines an ihm, soll dies die Hunde zum Heulen bringen und sie scharf machen. Im Jahr 2004 wurde die Bahnstrecke von Adelaide nach Alice Springs schließlich bis Darwin an der Nordküste verlängert.

☞: Die Personenzüge, die diese Strecke befahren, heißen „The Ghan". Die Bezeichnung leitet sich von `Afghanistan-Express´ ab, eine Reminiszenz an afghanischstämmige Kameltreiber, die den Transport im heißen Outback Australiens früher sicherstellten.

Der Bahnhof von Cook

Im Jahr 1917 wurde beim Bau der transaustralischen Eisenbahn von Perth nach Adelaide in der wüstenartigen Nullarbor Ebene (die so heißt, weil es dort keine Bäume gibt) der Ort Cook mitsamt Bahnhof angelegt. Die Station hatte u.a. die Funktion, Wasser für Dampfloks bereitzustellen. Als die australischen Eisenbahnen 1997 privatisiert wurden, brauchten sie diese Eisenbahnerstadt nicht mehr. Immerhin dient der Bahnhof noch als Dieseltankstelle für Eisenbahnfahrzeuge und Übernachtunsgmöglichkeiten für Lokomotivführer gibt es auch noch.

☞: Mit 478 km findet sich in der Nullarbor-Ebene der längste völlig geradlinige Eisenbahnstreckenabschnitt weltweit.

9.2 Neuseeland

Das Britomart Transportzentrum

In der Innenstadt Aucklands, an der Queen Street, befindet sich ein monumentales historisches Postgebäude. Gleich nebenan und unweit der Fähren lag einst der Bahnhof der Stadt. 1930 wurde die Bahnhofsfunktion in eine Gegend verlegt, in welcher die Platzverhältnisse großzügiger waren. Doch im Juli 2003 kam die Bahn zurück, diesmal wurden die Gleise unter das Postgebäude verlegt und dieses so zu einem Kopfbahnhof, dem *Britomart Transport Centre*. Allerdings ist der Bahnverkehr Aucklands nicht elektrifiziert, so dass Britomart einer der wenigen unterirdischen Stationen sein dürfte, die von Dieselzügen bedient wird.

Die `amerikanische Botschaft´

Der 1930 auf aufgeschüttetem Land errichtete Hauptbahnhof von Auckland gilt als eines der am selbstbewusstesten auftretenden monumentalen öffentlichen Gebäude Neuseelands aus der ersten Hälfte des 20. Jahrhunderts. Architekt war William Henry Gummer (1884-1966), ein Schüler des berühmten englischen Architekten Sir Edward Lutyens. Lutyens zeichnete unter anderem für die monumentale Kolonialarchitektur Neu-Delhis verantwortlich.

Im Jahre 2003 wurde die Hauptbahnhofsfunktion in das sich in einem ehemaligen Postgebäude befindlichen Britomart Transport Centre verlegt und der Bahnhof zu einem Studentenwohnheim der Universität von Auckland umgebaut. Da hier besonders viele US-amerikanische Studenten logieren, hat das Gebäude heute den Spitznamen *amerikanische Botschaft*. Irgendwie müsste das ehemalige Empfangsgebäude den amerikanischen Studenten vertraut vorkommen. Denn Stilvorbild des Bahnhofs war die Union Station in der US-Hauptstadt Washington.

Großer Bahnhof in Wellington

Nachdem Auckland 1930 mit seinem selbstbewussten Bahnhofsgebäude architektonisch auftrumpfte, durfte sich Neuseelands Hauptstadt nicht lumpen lassen.
Als 1937 das neo-georgianische Empfangsgebäude des Bahnhofs von Wellington auf durch Aufschüttung dem Meer abgewonnenem Land eröffnet wurde, war es das größte Gebäude Neuseelands. Nicht weniger als 1 Million 750 000 Ziegel und 1500 Tonnen Granit und Marmor wurden im Bahnhof verbaut.
☞: Die Firma *Fletcher Building* hatte mit dem Bahnhof ihren ersten großen Auftrag bekommen, später wurde sie zu einem der größten Unternehmen des Landes.

Dunedin - der Lebkuchenbahnhof

Der Bahnhof von Dunedin auf der neuseeländischen Südinsel wurde im Jahre 1906 eröffnet und ist einer der markantesten Bahnhofsbauten im ozeanischen Raum. Im flämisch-mittelalterlichen Stil gehalten, einer Tuchhalle mit Belfried ähnelnd, erinnerte die braune, von weißen Elementen eingefasste Fassade so sehr an ein bestimmtes Gebäck, dass der Architekt George A. Troup den Beinamen „Gingerbread George" (Lebkuchen-George) bekam. Der Bahnhof beherbergt heute ein Restaurant, ein Museum und die Büros einer Touristeneisenbahn, deren Züge von dieser Station zu einer nahe gelegenen Schlucht fahren. Wie die (Küsten-)Bahnhöfe von Wellington und Auckland wurde er auf aufgeschüttetem Land errichtet.

Ein Lebkuchenbahnhof am (anderen) Ende der Welt also!

Dunedin Station (Bild: Antilived, Wikipedia)

Anhang

1. Bemerkenswerteste/schönste Bahnhöfe
Auftreten in Listen verschiedener Veröffentlichungen

Bahnhof / Quelle	1	2	3	4	5	6	Summe
New York Grand Central	x		x	x	x	x	5
London St. Pancras	x	(x)		x	x		4
Bombay CST*		x	x		x	x	4
Helsinki Hauptbahnhof	x	x		x			3
Antwerpen CS		x			x		2
Lahore Bhf (Pakistan)	x				x		2
Milano Centrale				x		x	2
Washington Union Station				x			1
Los Angeles Union Station			x				1
Philadelphia Gravers Lane		x					1
Toronto Union Station			x				1
Buenos Aires Retiro		x					1
London Paddington		(x)					1
Santa Maria N, Florenz	x						1
Dublin Heuston Station				x			1
Leipzig Hbf				x			1
Limoges Bénédictins					x		1
Madrid Atocha					x		1
Wladiwostok			x				1
Melbourne Flinders Street		x					1
Maputo Hbf (Mosambik)					x		1
Kuala Lumpur Station		x					1
Hua Hin (Thailand)					x		1

Fett: Mehrfachnennungen, ( ) Teile des Bahnhofs * Weltkulturerbe

1. J. Glancey im *The Guardian* vom 23. 11. 2006 (6 Bahnhöfe)
2. Mark Irving `1001 Buildings you must see before you die´, Cassel Illustrated, London 2007
3. Richard Cavendish (Hrsg) `1001 Historic Sites you must see before you die´, Cassel Illustrated, London 2007
4. Brian Solomon `Railway masterpieces´, 2002
5. Newsweek 19 Januar 2009, Routes Less Traveled, List of 9 best stations
6. Andere Listen: UNESCO-Welkulturerbe: Bombay CST,
   Der US-Architekt Frank Lloyd Wright rechnete Milano Centrale und, New York Grand Central zu den schönsten Bahnhöfen der Welt

2. Stilvorbilder von Empfangsgebäuden

Empfangsgebäude	Vorbild *(teilweise)*
Asien	
Bombay CST (Victoria Terminus)	Neogotischer Stil teilw. inspiriert durch St. Pancras Station/London
Da Lat (Vietnam)	Deauville (Frankreich)
Hsinchu (Taiwan)	Alter Bahnhof von Heidelberg?
Seoul	Tokio Station
Tokio (Main) Station	Amsterdam CS
Wladiwostok Bahnhof	Jaroslawl- Bahnhof Moskau
Afrika	
Pointe Noire (Kongo)	Deauville (nur geringe Ähnlichkeit)

Statuen/Plaketten/Bilder vor/in Bahnhöfen

Bahnhof	Statue/Plakette/Bild
China	
Shaoshan	Mao Tsetung-Portrait
Shenyang	Sonnenvogel (Symbol Shenyangs)
Zhangjiakou	Zhan Tianyou (Eisenbahningenieur)
Qinglongqiao	Zhan Tianyou (Eisenbahningenieur)
Japan	
Tokio-Ebisu	Ebisu-Glücksgott
Tokio-Kamiigusa	Gundam-Roboter (Manga-Held)
T.-Hamamatsucho	Manneken Pis (Bahnsteig)
Tokio-Yurakucho	Waschbär (Bahnsteig)
Andere Länder	
Gori (Georgien)	Stalin (in Gori geboren), Bild+Statue
Chabarowsk (Rus.)	Chabarow (kosakischer Entdecker)
Bishkek (Kirg.)	Frunse (russischer Feldherr)
Pyöngyang (Korea)	Kim Il Sung Portrait (in allen Bhf)
Choir (Mongolei)	Kosmonaut Gürragchaa
Yenice (Türkei)	Bild des Treffens Churchill-Inönü

3. Die größten Bahnhöfe nach der Zahl der Reisenden
(teilweise mit unterirdischen S- und U-Bahnstationen) in Tausend, werktäglich, um 2005

Land	Bahnhof (1000 Reisende pro Tag)
Asien	
Japan (Umsteiger doppelt gezählt)	Tokio: Shinjuku 3295 (davon 580 U-Bahn), Ikebukoro 2650, Shibuya 2 460, Tokio Station 700 (+1000 U-Bahn); Osaka 2240 (davon 1000 U-Bahn, incl. 550 Umeda Station) Yokohama 1820 Nagoya 1140
Indien (nur Reisende)	Bombay Victoria 2500, Kalkutta Howrah 1100, Madras (Chennai) 1000, Kalkutta Sealdh 800, New Delhi 400, Trivandrum 200, Bangalore 150
China (nur Reisende)	Peking: West 170, Zentral 125; Shanghai 200, Kanton, 130, Harbin 80, Lhasa 4
Thailand	Bangkok-Hualamphong 60, Chiang Mai, 2.2, Bua Yai Junction 0.2, Pattaya 0.1
Übriges Asien	Seoul 90
Asien-Europa, Kaukasus	
Russland	Moskau 2000 (9 Bahnhöfe), Nowosibirsk 70
Türkei	Istanbul-Haydarpasa 100
Georgien	Tiflis 20
Ozeanien	
Australien,	Sydney Central 146, Sydney Town Hall Station 70, Melbourne: Flinders Street 110, Southern Cross: 43, Adelaide 40,
Neuseeland	Wellington 50, Auckland 16
Afrika	
Marokko	Casablanca-Port 14, Rabat 13.5, Marrakesch 8
Übriges Afrika	Johannesburg Park Station 300, Dakar 25

4. Eisenbahnverkehr in Ländern Asiens und Afrikas

2009	Netzlänge (km)	Passagiere (Millionen)	Pass.-km (Mrd)	Tonnen-km (Mrd)
China	139 000	3660	1471	3008
Indien	68 155	8116 (17)	1150 (17)	691 (18)
Japan	27 311	9392 (16)*	432 (16)	21 (14)
S. Korea	4 165	1020 (09)	77.8 (16)	10.6 (06)
Pakistan	8 100	52.4 (18)	20.3 (15)	5.9 (06)
Indonesien	6 000	393 (18)	25.7 (17)	4.4 (07)
Kasachstan	15 530	22-9 (18)	19.2 (17)	236 (12)
Iran	16 998	28 (18)	13.3 (17)	22 (13)
Taiwan	1 782	292 (18)	19.8 (15)	1.0 (07)
Thailand	4 900	50 (17)	8.0 (11)	3 (11)
Türkei	12 740	101 (18)	5.4	11 (14)
Vietnam	3 364	11 (02)	4.7 (07)	4 (12)
Bangladesh	2 835	78 (18)	10.0 (17)	0.8 (06)
Sri Lanka	1508	139 (17)	4.8 (07)	0.14 (07)
Ägypten	7024	550 (18)	40.8 (08)	2 (10)
Algerien	4 440	39 (18)	1.55 (17)	1.0 (17)
Marokko	2 109	35 (18)	4.5 (18)	4.1 (09)
S. Afrika	26 000	269 (17)	13.9 (07)	135 (14)
Tunesien	2 165	41 (17)	1.2 (17)	2 (10)

*Japan: inkl. Vorortbahnen: 400 Milliarden pkm, 22 Mrd Pass.
In Klammern: abweichende Bezugsjahre
Quelle: Wikipedia basierend auf UIC, Weltbank

Literatur

Les plus belles histoires des trains
Timée Editions, Boulogne 2003

Bund Deutscher Architekten (Hrsg.)
Renaissance der Bahnhöfe
Vieweg Verlag, Braunschweig 1996

Harri Czepeck
Eisenbahnen in Afrika
Verlag für Verkehrswesen, Berlin 1990

Mark Irving
1001 Buildings You Must See Before You Die
Cassel Illustrated, London 2007

Lis Künzli (Hrsg.)
Bahnhöfe. Ein literarischer Führer
Eichborn Verlag, Berlin 2007

Ralf Roth
Das Jahrhundert der Eisenbahn
Jan Thorbecke Verlag, Ostfildern 2004

Beat H. Schweizer
Bahnen in Namibia
Trevor B Editions, Cape Town 2007

Brian Solomon
Railway Masterpieces
David &Charles, Newton Abbot 2002

Paul Theroux
The Great Railway Bazaar
Penguin, London, 1977

Wolstan Webb
Thirty years around the world
Adventures of a Railway Signals Engineer
Nyons, 1991

Webseiten

Allgemein

Wikipedia (Seiten zu verschiedenen Bahnhöfen)
www.de.wikipedia.org

Anecdotage.com (Amerikanische Anekdotenwebseite)
www.anecdotage.com

Darjeeling Himalaya Railway Society
http://www.dhrs.org/

Ferdinand Blumentritt
http://www.univie.ac.at/voelkerkunde/apsis/aufi/harry1.htm

The Indian Railways fan Club
http://www.irfca.org/

Statistiken zu den Chinesischen Eisenbahnen
http://www.railwaysofchina.com/statistics.htm

Republic of Turkey, Ministry of Culture and Tourism
Ottoman capital Bursa- The railway
http://www.kultur.gov.tr/EN/BelgeGoster.aspx?17A16AE30572D31395FB1C518
0B6EBD69967B13382E62777

Skyscraper City
World´s Largest and Busiest Rail Stations
http://www.skyscrapercity.com/showthread.php?t=342415&page=41

Trains of Turkey
http://www.trainsofturkey.com/

The World Bank
Transport in South Asia
http://web.worldbank.org

Kim-Il Sung-Anekdote
http://north-korea.narod.ru/anecdotes.htm

Einzelne Bahnhöfe

Beijing railway
http://www.beijingimpression.com/beijing-guide/beijing-railway.shtml

Der Farang -In der Holzklasse nach Bangkok
http://www.der-farang.com/?article=2008/07/holzklasse

The China Post-Fenchihu
Fenchihu- a key scenic spot along Alishan railway
http://www.chinapost.com.tw/travel/taiwan-central/chiayi/2007/06/21/112984/Fenchihu-a.htm

Bombardierung von Karagaac
http://www.military-quotes.com/forum/203992-post.html

Kishi Station und die Katze Tama
http://www.japanprobe.com/2008/04/23/stationmaster-cat-draws-tourists/

Koolmannskuppe/Grasplatz
http://www.ingrids-welt.de/reise/nam/html/luederitzkolmanskopb.htm

Qingdao
http://english.sina.com/china/p/2008/0802/175525.html

Da Lat Bahnhof
http://www.funimag.com/photoblog/index.php/20090225/da-lat-train-station-solution-of-quiz-26/

Rangoon Station
http://www.myanmar.com/myanmartimes/MyanmarTimes18-343/n010.htm

Rockwood Cemetery, Sydney
http://en.wikipedia.org/wiki/Cemetery_Station_No._1_railway_station

Bahnhof von Shengsing (Taiwan)
Welcome to Mialoi County Sanyi
http://www.sanyi.gov.tw/en/t01.htm

Treffen Inönü-Churchill im Bahnhof von Yenice
http://www.arkas.com.tr/english/pages/arkas_news/subat_2008/haber4.html

Bildnachweis

Bahnhof Beijing West (Cover-Rückseite)
http://en.wikipedia.org/wiki/File:Beijing_West_train_station_01.jpg
(Autor: Kim S., Creative Commons Attribute Share Alike 2.0 Generic license)

Bahnhof Bombay (Mumbai) CST
http://de.wikipedia.org/w/index.php?title=Datei:Shivaji_Terminus_Bombay_%28Mumbai%29.jpg&filetimestamp=20050702210736
(Photograph Sebastian Jude, GNU Free Documentation License ver. 1.2)

Bahnhof Chennai
http://en.wikipedia.org/wiki/File:ChennaiCentral2.JPG
(Urheber Swift Rakesh, Creative Commons Attribution-Share Alike 3.0 Unported license)

Bahnhof Dunedin
http://en.wikipedia.org/wiki/File:Dunedin_Railway_Station_Full_Exterior.jpg
(Urheber: Antilived, Creative Commons Attribution-Share Alike 3.0 Unported license)

Bahnhof Istanbul Haydarpasa
http://en.wikipedia.org/wiki/File:Haydarpasa_train_station.jpg
(Urheber: Starliner, Lizenz GNU Free Documentation License ver. 1.2)

Bahnhof Howrah
http://en.wikipedia.org/wiki/File:Howrah.jpg
(Photograph Planara, GNU Free Documentation License ver. 1.2)

Bahnhof Melbourne
http://en.wikipedia.org/wiki/File:Flinders_street_train_station_melbourne.jpg
(Autor: Adam J.W.C, Creative Commons Attribution-Share Alike 2.5)

Bahnhof Pointe Noire
http://www.visoterra.com/photos-pointe-noire/la-gare-centrale.html

Bahnhof von Sylhet (Bangladesh, erste Innenseite)
http://sylhoti.multiply.com/photos/album/16/Beauty_of_sylhet#photo=28

Weitere Bahnhofsbücher des Autors
(Siehe www.bod.de, insgesamt 5 Bände, 1001 Bahnhöfe)

Palast der tausend Winde und Stachelbeerbahnhof
Kleine Geschichten zu 222+2 Bahnhöfen in Deutschland
Books on Demand, Norderstedt 2020

Der Schicksalsbahnhof jenseits der Berge
Kleine Geschichten zu 111 Bahnhöfen in den Alpenländern
Books on Demand, Norderstedt 2020

Flügelradkathedrale und Zuckerrübenbahnhof
Kleine Geschichten zu 222 Bahnhöfen in Europa
Books on Demand, Norderstedt 2020

Grand Central Terminal und Pampabahnhof
Kleine Geschichten zu 222 amerikanischen Bahnhöfen von Alaska bis Feuerland
Books on Demand, Norderstedt 2020

Bahnhof Istanbul-Haydarpasa (Bild: Wikipedia)

www.ingramcontent.com/pod-product-compliance
Lightning Source LLC
Chambersburg PA
CBHW070250230526
45470CB00002B/546